寻味

浙江省社科联社科普及课题成果

U0627860

十四节气

味

何宏 ◎ 编著

中国旅游出版社

项目策划：段向民
责任编辑：武　洋
责任印制：孙颖慧
封面设计：武爱听

图书在版编目（ＣＩＰ）数据

寻味二十四节气 / 何宏编著 . -- 北京 : 中国旅游
出版社 , 2022.4
ISBN 978-7-5032-6944-8

Ⅰ . ①寻… Ⅱ . ①何… Ⅲ . ①二十四节气—普及读物
Ⅳ . ① P462-49

中国版本图书馆 CIP 数据核字 (2022) 第 062140 号

书　　名：寻味二十四节气

作　　者：何宏　编著
出版发行：中国旅游出版社
　　　　　（北京静安东里 6 号　邮编：100028）
　　　　　http://www.cttp.net.cn　E-mail:cttp @ mct.gov.cn
　　　　　营销中心电话：010-57377108，010-57377109
　　　　　读者服务部电话：010-57377151
排　　版：小武工作室
经　　销：全国各地新华书店
印　　刷：北京工商事务印刷有限公司
版　　次：2022 年 4 月第 1 版　2022 年 4 月第 1 次印刷
开　　本：889 毫米×1194 毫米　1/32
印　　张：6
字　　数：120 千
定　　价：56.00 元
ＩＳＢＮ　978-7-5032-6944-8

前　言

2016 年 11 月 30 日，在埃塞俄比亚首都亚的斯亚贝巴召开的联合国教科文组织保护非物质文化遗产政府间委员会第十一届常会通过决议，将中国申报的《二十四节气——中国人通过观察太阳周年运动而形成的时间知识体系及其实践》列入联合国教科文组织人类非物质文化遗产代表作名录。

"二十四节气"是中国人通过观察太阳周年运动，认知一年中时令、气候、物候等方面变化规律所形成的知识体系和社会实践。"二十四节气"形成于中国黄河流域，以观察该区域的天象、气温、降水和物候的时序变化为基准，作为农耕社会的生产生活的时间指南逐步为全国各地所采用，并为中国多民族所共享。作为中国人特有的时间知识体系，该遗产项目深刻影响着人们的思维方式和行为准则，是中华民族文化认同的重要载体。

中国各地有关二十四节气的风俗中，有很多饮食习俗的内容，这些饮食习俗和每一个节气有着独特的对应关系，反映出各地群众对二十四节气的顺应和理解。随着时代的发展，有些习俗面临着在现代化生活冲击下的逐步消解。作为人类非物质文化遗产的组成部分，许多二十四节气饮食因未列入各级政府的非遗保护名录而面临着消失的可能。现在，我们把和二十四节气相关的饮食习俗汇编在一起，既是二十四节气非遗的有机补充，也是对二十四节气饮食习俗的巡礼。希望能发掘出更多的二十四节气饮食方面的习俗，为二十四节气"所形成的知识体系和社会实践"做出饮食方面的实证。

本书在创作过程中，参考引用了一些参考文献，在此对相关著作者深表感谢。因时间与水平有限，不足之处在所难免，敬请广大读者批评指正。

何　宏

2021年10月

于杭州钱江蓝湾碌碌谋食屋

目　录

寻味

雨水 惊蛰 春分 清明 谷雨 立夏 小满 芒种 夏至 小暑 大暑 立秋 处暑 白露 秋分 寒露 霜降 立冬 小雪 大雪 冬至 小寒 大寒 立春

扫码可听有声版

　　立春，二十四节气中第一个，又名立春节、正月节、岁节、岁旦等。立，是"开始"之意；春，代表着温暖、生长。干支纪元，以立春为岁首，立春意味着新的一个轮回已开启，乃万物起始、一切更生之义也。秦汉以前，礼俗所重的不是阴历一月初一，而是立春日。重大的拜神祭祖、纳福祈年、驱邪攘灾、除旧布新、迎春和农耕庆典等均安排在立春日及其前后几天举行，这一系列的节庆活动不仅构成了后世岁首节庆的框架，而且它的民俗功能也一直遗存至今。

　　立春在每年公历 2 月 3~5 日。而春节最早在公历的 1 月 21 日，最迟在 2 月 20 日。立春和春节同一天，上一次还是在 1992 年的 2 月 4 日，下一次则是在 2038 年的 2 月 4 日。当然，立春也可能与除夕在同一天，2019 年 2 月 4 日是立春逢除夕，下一次相逢则要到 2057 年的 2 月 3 日。

从五辛盘到春盘

东汉的《四民月令》里记载："立春日，食生菜，取迎新之意"。生菜是指所有可以生吃的菜。到了晋代，出现了"五辛盘"，新年第一天要吃由五种带气味的蔬菜做的拼盘。《荆楚岁时记》有"元日，进屠苏酒，下五辛盘"的记载。周处的《风土记》里说"元日造五辛盘。"他详细地解释"五辛发五藏之气，即大蒜、小蒜、韭菜、芸苔、胡荽是也"。吃"五辛"，迎新春，用的是"辛"与"新"的谐音，但其实还有养生的道理：古人认为春天气温回升，万物复苏，人的气息也该向外发散，所以要吃蒜、韭菜、香菜这类"辛味"食物，散去体内郁气。

元日　进屠苏酒　下五辛盘

▼ 五辛盘

唐人《四时宝镜》里出现了"春盘"的提法："立春日，食芦、春饼、生菜，号春盘。"有一首民俗诗与之呼应，曰："立春咸作春盘尝，芦菔芹芽伴韭黄。"这时，春盘已经发展成一种讲究的迎春食俗，盘中有芦菔、芹芽、韭黄等生菜，都是多汁甜美的——从五辛盘到春盘，祈祷身体健康的药膳变成了追求口感的美食。杜甫的咏春诗里写："春日春盘细生菜，忽忆两京梅发时。盘出高门行白玉，菜传纤手送春丝。"远在巴蜀之地的诗人，在冬日寒江的萧瑟风景中，思念长安洛阳城里热闹的节日、食物和人，是很惆怅的。在各种春蔬里，宋人似乎对韭菜、韭黄尤为偏爱。苏轼有"青蒿黄韭试春盘"，黄庭坚有"韭黄照春盘"，杨万里的"韭芽卷黄苣舒紫"，说的显然也是韭黄。不过，随着社会发展，春盘里的蔬菜花色越来越多，韭菜的主角地位，就渐渐不那么明显。元初契丹人耶律楚材的《立春日驿中作穷春盘》诗中说："昨朝春日偶然忘，试作春盘我一尝。木案初开银线乱，砂瓶煮熟藕丝长。匀和豌豆揉葱白，细剪萋蒿点韭黄。也与何曾同是饱，区区何必待膏粱！"其中说到用藕、豌豆、葱、萋蒿、韭黄和粉丝作春盘。清代《帝京岁时纪胜》里的描写："新春日献辛盘。虽士庶之家，亦必割鸡豚，炊面饼，而杂以生菜、青韭芽、羊角葱，冲和合菜皮，兼生食水红萝卜，名曰咬春。"这就很接近现代人所熟知的"春饼"了。

春日春盘细生菜　忽忆两京梅发时
盘出高门行白玉　菜传纤手送春丝

春饼

唐宋时期的春盘里，自然也有春饼，但不是绝对主角。明代，人们却开始直呼"春饼"，"春盘"之称反而少见。据《燕都游览志》，立春日，皇帝会在午门向百官赏赐春饼。这习俗显然和宋代御赐春盘的仪式一脉相承。《臞仙神隐书》"正月"则反映了民间习俗："立春之日，父老迎春于东郊……吃春饼、生盘，谓之迎春气也。"可见春饼和春盘，实际上还是同时出现的，只不过春饼的主角地位更加凸显，人们也大多习惯用春饼代指春盘。

▲ 春饼

春饼的做法也讲究得多——从口感到调味精心搭配。《帝京岁时纪胜》里说，当时就算是平民百姓，也会在立春日采买鸡肉、猪肉，细心蒸好面饼，准备生菜、青韭芽、羊角葱等作为春饼的原料，同时也会生吃水红萝卜。成书于清中期的《调鼎集》里还有"咸肉、腰、葱花、黑枣、胡桃仁、洋糖"作馅的春饼，也颇为有趣。

在配菜之外，春饼本身的制作技艺也有长足进步。袁枚在《随园食单》中记录，当时山东孔藩台（布政使）家中所制薄饼，"薄如蝉翼，大若茶盘，柔腻绝伦"，口感想来不会逊色于今日的春饼。

▲ 春卷

▲ 印度尼西亚三宝垄春卷

春卷

元代始有春卷这一名称出现，《居家必用事类全集》载"卷煎饼、摊薄煎饼、胡桃仁、松子仁、臻仁、嫩莲肉、干柿、熟藕、银杏、熟栗、芭榄仁，以上除熟栗切片外，皆细切，用蜜、糖霜和，加碎羊肉、姜末、葱、盐调合作馅，卷入煎饼，油过。"还有用鸭蛋或鸡蛋清、黄分别制皮，包馅煎食的称"金银卷煎饼"。用面做皮，包七样馅煎食的称"七宝卷煎饼"等。此时馅心皮料名称不同，做法有了很大变化，并带有民族风味，可见春卷的雏形已完全形成。明代《易牙遗意》载"卷煎饼，用羊肉二斤，羊脂一斤，或猪肉亦可，大概如

春饼包切丁或切丝的生菜油炸过 即为春卷

馒头馅，须多用葱白或笋干之类。装在饼内，卷做一条，两头以面糊粘住，用油煎，令红焦色，或只熟。五辣醋供……"。《宋氏养生部》载：名"油煎卷""春饼置馒头馅，馄饨馅，卷折粘之，在多油内煎燥……"虽然名称不同，是春卷无异。

清代，《调鼎集》记载有油炸做法的"春卷"：用干面皮包入火腿、猪肉、鸡肉等，又或是用四季时蔬，卷好后下锅油炸。还有"野鸭春卷"，将生野鸭肉切丝，拌入黄芽葱丝，加入各种调料焖熟，再用春饼卷起，油煎至脆。可以看出，这春卷就是由春饼直接演变而来的，做法也与我们熟悉的春卷相差无几。

炸得松脆轻薄的春卷，在齿间轻巧碎裂，释出馅料的鲜甜。

在印度尼西亚第五大城市三宝垄，这个以郑和名字命名的城市，有一种传统食物——春卷。从外形和名字不难猜出，这种小吃是中国饮食文化的产物，很有可能是郑和带到南洋的。这种春卷的馅儿有竹笋、豆腐丝、虾和鸡蛋，在三宝垄几乎所有的春卷都是清真食品，这和印尼人的宗教信仰有关。三宝垄的春卷，要搭配酸甜的酱汁、韭菜或者腌黄瓜一起食用，在中国饮食的传统中，已经与印度尼西亚的饮食文化密切地结合在一起了。

咬得草根断
则百事可做

▲ 咬春

咬春

立春日，吃萝卜叫作咬春，家人买个萝卜来咬，想来是北方很多地方都有过的体验。萝卜味道辛辣脆爽，有"咬得草根断，则百事可做"之意。

值得一提的是，萝卜在宋朝还只是春盘里的蔬菜之一，在明代则正式独立出来，和春饼平起平坐，甚至成为"咬春"仪式中的主角。人们认为它可以解除春困，李时珍也很推崇萝卜，认为它有"消谷和中，去邪热气"的功效，可以消食定喘，清热顺气。如此说来，在寒热交替的立春时节，吃萝卜也有一定的养生功效。

到了清代，咬春仪式更加隆重。《长安宫词》记载，立春日，宫中会用两个大盘，各盛装两条生萝卜，在萝卜上镂刻出精细文字，制成对联，分送给两宫"咬春"，是"沿袭前明之遗制"的做法。

其实"咬春"并不仅仅限于生吃萝卜，后世也渐渐有人将吃春饼归为"咬春"。譬如前清遗老唐鲁孙先生就说，年轻媳妇忙完年节，在二月初二回娘家，头一顿饭必定是吃薄饼，名为咬春。

▲ 泉州做润饼　　　　　　　　　▲ 贵阳的丝娃娃

各地的春饼

　　吃春饼的风俗，全国各地都有，只是结合各地的民风发生了变化。让我们看一看各地诸多的春饼。

　　闽南人吃的润饼就是一例，讲究不比老北京少。潮汕、福建、台湾等地都吃润饼，叫法略有出入，厦门叫"薄饼"，金门叫"七饼""擦饼"。而润饼做得最出名的，当属泉州。泉州老字号做润饼的方法，是把面粉和水打成稀软的面团，挂在手上，往锅里沾一圈即拎起，粘住的面糊便凝结成一张匀白细腻的饼皮。几个锅子一字排开，同时加热，做一张揭一张，不一会儿，手边的润饼皮就堆得老高。

润饼皮做起来考手艺也费工夫，当地人一般都去润饼铺里买现成的。回家把胡萝卜、卷心菜、小黄瓜、豆干、猪肉、鸡肉等细细切丝，配上豆芽、芹菜末、香菜、酸菜等辅料，也会放花生粉和糖粉来调味，用润饼皮一卷即成。春日里，一家人围坐着热热闹闹包润饼，是许多闽南人的童年记忆。

台湾的润饼做法也与泉州近似，不过创意更多。一度火遍各大夜市的"花生卷冰激凌"，其实就是从润饼变化而来，饼皮撒上满满花生粉，撒点香菜，舀上几球冰激凌卷起，中西碰撞出的口感丰富又奇妙，让人一试难忘。

四川绵阳一带，也以春卷为特产。饼皮和闽南润饼类似，只不过个头更玲珑，有的一锅里能摊下两三张饼皮。土豆丝、胡萝卜丝、海带丝用辣油拌得爽脆，一筷子菜丝卷成一枚春卷，两头不封口。吃的时候，把小卷对折起来，从开口灌一点甜醋进去，"一口闷"。

要论配菜精细，贵州丝娃娃也不能服输。"卷"如其名，面皮摊开来只有手掌大小，包起来如同婴儿的小襁褓。可是就这么大点皮，至少得有十几种配菜。除了常见的土豆丝、胡萝卜丝、黄瓜丝之外，还有折耳根、粉丝、凉面、腌萝卜、炸黄豆等，一桌赤橙黄绿，很是热闹。自己拣爱吃的菜包好，还要灌一点香辣酸鲜的蘸水，各家店招徕客人的秘方，就在这蘸水的调配上了。

除此之外，上海的三丝春卷、广东的芋泥春卷等，都是春日里应景的美味。

扫码可听有声版

雨水，是二十四节气之第二个节气，每年公历2月18~20日交节。与雨水和谷雨、小满、小雪、大雪等节气一样，都是反映降水现象的节气，是古代农耕文化对于节令的反映。雨水节气标示着降雨开始、雨量渐增，俗话说"春雨贵如油"，适宜的降水对农作物的生长很重要。进入雨水节气，我国北方阴寒未尽，一些地方仍下雪，尚未入春，仍是很冷；南方大多数地方则是春意盎然，一幅早春的景象。因为春节最迟可到2月20日，所以有些年份的春节和雨水节气重合。2015年的春节和雨水同一天，在2月19日。上一次春节和雨水同一天还是在1996年2月19日，下一次则要到2072年2月19日。人生难得三次逢春节雨水同日，这也被称为"百年难逢水浇春"。但还有春节在雨水后的，离现在前后最近的1985年2月19日、2034年2月18日，除夕和雨水同一天。

▲ 炖"雨水"

成都客家送雨水

　　立春以后的第一个节气是雨水，其时最冷的季节已过去，春风化雨，草木萌生。四川成都龙泉驿区东山的客家人认为，雨水节开始日，是生命复苏的关键日子。人和草木一样，需要"上水"才能重生。在他们的观念中，老年人满一个甲子需要"重生"，但"上水"比较困难，需要有外力相助才能"上水"，才能重获旺盛的生命力。给年满 60 岁的父母"送雨水"，一送至少要三年。有的年头还特意去要七姓人家的肉来炖：陈姓的不要，担心父母染上沉疴；刘姓的也不要，担心父母得了病会被"留"住。要代、戴、周、马、熊、宋、林、袁、万等寓意好的姓氏的。其中，"马"有威武之气；"熊"与"雄"谐音，意味着身体硬朗；"宋"与"送"谐音，万一有病可以被送走；"林"象征着灵验；"袁"与"圆"谐音，表示家庭幸福圆满；"万"是大数，意味着活得久长。有的头年还要送一棵柏树苗并把它栽到房前,以后送去"寄生"父母就先在柏树下吃饭。柏树本身象征着生命常青,"柏"还与"百"谐音,取长命百岁之意。现在的东山是枇杷之乡,枇杷树四季常青,今也有老人靠着门前的枇杷树吃饭的习俗。

客家"送雨水"习俗蕴涵含客家重要的生命意识和客家植物崇拜。东山客家认为生命好比一棵树,要有"根"而且通过"上水"才能获得生机;并认为生命的复苏也有时令,自然界的草木一岁一枯荣,而人年满六十是一个大坎(六十是十天干和十二地支相配组成的一个周期),神秘而灵异的"寄生"具有帮助客家生命由枯到荣的寓意。

于是,从给花甲老人"送雨水",演化到给老人"送雨水"。有女儿出嫁的老人家也能享受到"送雨水"的待遇。在雨水这一天,东山客家出嫁的女儿要给父母、女婿给岳父母送节。女婿送节的礼品通常是一丈二尺长的红棉带,称为"接寿",祈求岳父母"寿缘"长,长命百岁。女儿送节的典型礼品就是"寄生"炖猪蹄、炖鸡。女儿用将"寄生"炖了猪脚、鸡汤,用红纸、红绳封了罐口,由女婿恭敬地给岳父母送去。这是女婿对辛苦将女儿养育成人的岳父母表示感恩和尊重。如果是新婚女婿送节,岳父母还要回赠雨伞,女婿出门奔波可以遮风挡雨,祝福女婿人生旅途顺利平安。这就是东山客家"送雨水"习俗,也称作"送寄生""炖雨水"。

客家人将长在大树上的小树苗叫作"寄生"。常见的"寄生"有糖棕树上的榕树寄生,栎树、桦树和榆树上的北桑寄生。

这种习俗在都江堰、雅安等地同样流行。

拈粉团栾意
熬稃膭脾声

▲ 占稻色

占稻色

　　占稻色是流行于华南稻作地区的习俗，就是通过爆炒糯米花来占卜当年稻谷的收成和成色。成色足则意味着高产，成色不足则意味着产量低。成色的好坏，就看爆出的糯米花多少。爆出来白花花的糯米越多，则这年稻谷收成越好；而爆出来的米花越少，则意味着这年稻谷收成越不好，米价越贵。"花"与"发"语音相同，有发财的预兆。有些地方的客家人甚至还用爆米花供奉天官与土地社官，以祈求天地和美，风调雨顺，家家户户五谷丰登。这项活动渊源很深，元代的娄元礼就在《田家五行》中记载了当时华南稻作地区"占稻色"的习俗："雨水节，烧干镬，以糯稻爆之，谓之孛罗花，占稻色。""孛罗"即"孛娄"，南宋范成大《吴郡志》提道："爆糯谷于釜中，名孛娄，亦曰米花。"范成大《吴中节物诗》中也有"拈粉团栾意，熬稃膭脾声"一句，诗人自注云："炒糯谷以卜，俗名孛罗，北人号糯米花。"

　　雨水的食俗似乎少了点，其原因可能是雨水节气大部分时候在春节以后，相对于一年中最热闹的节日，人们还没有缓过神来。

惊蛰，是二十四节气中的第三个节气，于公历 3 月 5~6 日交节。时至惊蛰，阳气上升、气温回暖、春雷乍动、雨水增多，万物生机益然。在二十四节气之中，惊蛰反映的是自然生物受节律变化影响而出现萌发生长的现象，它是古代农耕文化对于自然节令的反映。所谓"春雷惊百虫"，是指惊蛰时节，春雷始鸣，惊醒蛰伏于地下越冬的蛰虫。惊蛰节气的标志性特征是春雷乍动、万物生机益然。

扫码可听有声版

光耀门楣 离家创业

▲ 梨

 梨

　　民间讲究要在惊蛰时吃梨：一方面，春天天气干燥，梨有去燥润肺的功效，"吃梨消百病"；另一方面，"梨"谐音"离"，惊蛰吃梨可让虫害远离庄稼，保证全年都有好收成。

　　在传统文化中，一般节日忌讳吃梨。不过惊蛰吃梨，寓意着和害虫分离，远离疾病。山西的老百姓惊蛰吃梨，渊源据说来自晋商。

　　晋商渠家的先祖是长治长子县人，明洪武初年，渠家的渠济父子，用家乡的梨和潞麻，倒换祁县的粗布、红枣，往返两地间谋取差价，赚到了第一桶金。清雍正年间，渠济的后人渠百川勇走西口，惊蛰这天出发，其父拿出梨来送行，让他吃梨不忘先祖当年贩梨谋生的艰辛，勠力打拼，以求来日衣锦还乡、光宗耀祖。后来走西口者，也纷纷仿效渠百川惊蛰吃梨，取"离家创业""光耀门楣"之意。

　　俗话说："冷惊蛰，暖春分"，仲春二月亦处于乍寒乍暖之际，气温多变，天气较为干燥，容易口干舌燥、外感咳嗽。吃梨能助益脾气，令五脏平和，以增强体质，抵御病菌的侵袭。

鸡蛋

    按广东传说，凶神之一的白虎（俗称虎爷）也在这时出来找吃的。在古老的农业社会里，老虎为患是常有的事，为求平安，人们便在惊蛰那天祭白虎，这是惊蛰祭白虎的由来。

    也许是广东这一传说的关系，据说，早年新加坡惊蛰祭祀白虎的信众也以广东人居多，现在则已成为不同籍贯人士竞相沿袭的传统，连一些印度裔也效法。由于惊蛰祭祀很普遍，现在许多庙宇都安置了祭白虎的下坛，以方便信众祭祀。

    这一尊尊供祭祀的白虎（塑像）通常獠牙张嘴。信众相信，祭祀时以猪油抹其嘴，它就不能张口伤人；以蛋喂食，饱食后的白虎就不会伤人了。按传统，那蛋必为鸭蛋。现在鸭蛋难求，唯有叫虎爷将就点，改吃鸡蛋了。经过演变，当初喂给白虎的鸡蛋，如今变成了喂给人们自己。

▼ 鸡蛋

皇娘送饭
御驾亲耕

▲ 炒豆

炒豆

在陕西，一些地区到惊蛰节气当天要吃炒豆。人们将黄豆用盐水浸泡后放在锅中爆炒，发出噼啪之声，象征虫子在锅中受热煎熬时的蹦跳之声，寓意驱除害虫。

吃炒豆的习俗似乎与"二月二龙抬头"相近。惊蛰到"二月二"这个民俗节日中间时间很短，据一些民俗资料显示，"二月二龙抬头"的说法与惊蛰节气有关。"二月二"又被称为"春耕节""农事节"，最早起源于伏羲氏时代，伏羲"重农桑，务耕田"，每年二月初二"皇娘送饭，御驾亲耕"。到周武王时，每年二月初二还举行盛大仪式，号召文武百官都要亲耕。二月二被称为"龙抬头"，除了星宿说与祈雨说之外，还有一种引龙伏虫的说法。中国古代将自然界中的生物分成毛虫、羽虫、介虫、鳞虫、人类五大类。毛虫指披毛兽类，羽虫指鸟类，介虫指带甲壳类，鳞虫指有鳞之鱼和带翅昆虫类。龙是鳞虫之长，龙出则百虫伏藏。二月初二正是惊蛰前后，百虫萌动，疾病易生，虫害也是庄稼的天敌，因此人们希望借龙威镇伏百虫，保佑人畜平安，五谷丰登。明朝时，在"二月二"增添了"熏虫""炒豆"的活动。明代刘侗、于奕正撰写的《帝京景物略》中说："二月二日曰龙抬头……熏床炕，曰熏虫儿，为引龙，虫不出也。"中国人认为龙是祥瑞之物，是和风化雨的主宰。人们祈望龙抬头兴云作雨，滋润万物。同时，二月二正是惊蛰前后，百虫蠢动，疫病易生，人们祈望龙抬头出来镇住毒虫。

熏床炕
为引龙
曰熏虫儿
虫不出也

▲ 芋子包

芋头

　　惊蛰这一天，闽西古汀州地区客家人，则以"炒虫"方式，达到驱虫的功利目的。他们或在热水中煮带皮毛的芋子，或炒豆子、炒米谷。民间认为这样可以消灭多种小虫，故俗语称"炒虫炒豸，煞（煮）虫煞豸"。惊蛰是冬眠昆虫开始复苏活动之时，因此客家先民主张早期灭虫。惊蛰日，汀州客家还有做芋子粄、芋子包或芋子饺吃的习俗，以芋子象征"毛虫"，以吃芋子寓意除百虫。

　　赣南上犹、崇义一带以及吉安遂川客家，惊蛰日上午，农家将谷种、豆种、南瓜、向日葵籽及各种蔬菜种子取一小撮放入锅中干炒，谓之"炒虫"。炒熟后分给自家或邻居小孩食之。据说如此一来可保五谷丰收，不受虫害。

煎饼

　　在山东的一些地区，农民在惊蛰日要在庭院内生火炉烙煎饼，意为烟熏火燎杀死了害虫。

　　摊煎饼要用到的炊具是鏊子。鏊子用熟铁制成，平面圆形，中心稍凸，有的有三只短脚，现在的鏊子也有的没有脚，直接放炉子上。煎饼的原料由五谷杂粮研磨而成，属于粗加工，营养损失少，膳食纤维多，有益健康。吃煎饼，一般用煎饼卷着各种食物吃，只要能想到的，都可以卷着吃。最经典的吃法是煎饼卷大葱，拿一张煎饼放上大葱，抹上豆瓣酱或面酱，鲜香可口。喜欢吃素的，可以把各种蔬菜、豆腐卷着吃；想来点荤的，猪头肉、肉丝、蛋、鱼都可以卷；也可以荤素搭配，这样的吃法很容易就实现了食物多样的健康饮食原则。

▼ 煎饼卷大葱

▲ 玉米粒

玉米

　　在少数民族地区，广西金秀县的瑶族在惊蛰日家家户户要吃"炒虫"，"虫"炒熟后，放在厅堂中，全家人围坐一起大吃，还要边吃边喊："吃炒虫了，吃炒虫了！"尽兴处还要比赛，谁吃得最快，嚼得最响，大家就来祝贺他为消灭害虫立了功。其实"虫"就是玉米，是取其象征意义。

吃炒虫了　吃炒虫了

春分

春分，是二十四节中第四个节气，于每年公历 3 月 20 日或 3 月 21 日交节。春分时，太阳直射点在赤道上，此后太阳直射点继续北移，故春分也称"升分"。古时又称为"日中""日夜分""仲春之月"。春分是个比较重要的节气，在天文学上有重要意义：南北半球昼夜平分。在气候上，也有比较明显的特征。自这天以后，太阳直射位置继续由赤道向北半球推移，北半球各地昼渐长夜渐短，南半球各地夜渐长昼渐短。正因为其天文学上的原因，春分与夏至、秋分、冬至这"两分两至"成为地球上几乎所有人类共同的最早的节日。

扫码可听有声版

太阳糕
既是祭日的供品
又是应节食品

▲ 太阳糕

太阳糕

　　老北京在春分祭日之时要吃"太阳糕"。太阳糕是祭祀太阳神的供品，希冀太阳普照，孕育万福，这是用大米面和绵白糖蒸制的圆形小饼，在糕皮上，有的印着一个红红的太阳花，有的印着一只报春送喜的金鸡。

　　早在周代，我国就有了春分祭日的仪式。此俗历代相传，元代时专建日坛用以祭日，明清两代均于每年春分日在日坛祭日，清代时遇甲、丙、戊、庚、壬年由皇帝亲祭，其余年岁遣官致祭。清亡之后，虽官方祭日仪式已成往尘，但北京民间春分日祭祀太阳神的活动并未停止。这一天人们早早起床，在庭院中向东放置好供桌，在供桌上摆上香炉，燃上高香，在晨光初露时，全家老少依辈分先后向东方跪拜，感谢太阳赐予人间恩泽。这个仪式中，供桌上少不了给太阳神的供品，那就是"太阳糕"。

　　太阳糕既是祭日的供品，又是应节食品，还有有"太阳高"的寓意，很受市民欢迎。太阳糕一般使用糯米加糖制成，上面用红曲水印昂首三足鸡星君（金鸡）画像，或在上面用模具压出"金鸟圆光"代表太阳神。

吃春菜

川西一带农家春分有吃菜卷子的习俗。而岭南一带春来早，春分之时早已草木繁盛，也有春分吃春菜的习俗。春菜是一种野苋菜，也称春碧蒿，采摘洗净后与鱼片一起"滚汤"，名曰"春汤"，"春汤灌脏，洗涤肝肠。阖家老少，平安健康"。很多地方还有"粘雀子嘴"的习俗，即每家都煮汤圆吃，并把没有包心的汤圆煮好用竹签串成串，置于田间地头，以免鸟雀来破坏庄稼。

春菜是一种野苋菜
也称春碧蒿

▼ 春菜

▲ 春分糕

春分糕

食用及馈赠亲友
寓祈祝新年五谷丰登之意

　　湖南长沙春分日，农民将余下的水稻、黄豆等种子磨粉蒸糕，糕面置红枣，俗称"春分糕"，用以食用及馈赠亲友，寓祈祝新年五谷丰登之意。此俗现在乡间犹存。"逐疫气"也是不少地方春分的重要习俗。安徽南陵一带"春分节"黄昏，儿童会争相敲打铜铁响器，声音震耳，意谓驱逐疫气，保家人健康平安。广东阳江妇女春分要上山采集百花叶，然后捣成粉末与米粉和在一起做汤面吃，据说能清热解毒。云南鹤庆一带的白族，在春分中午举行"赛会"，各家将头年收割的稻谷、苞谷、小麦、蚕豆及各种瓜果，拿来互相评比，并交流生产经验。

办社饭

　　春分在很多地方还是社日，也有相应的特殊食俗。山东淄博春分社日要炒豆炒米吃。当地有俗语云："社日不炒豆，死人无人候""社日不炒胖（炒米），死人无人葬"。贵州江口的"过社"是以土家族为主的传统节日。从立春算起，第五个戊日是社日，"五戊为社"；但有一些地方则以春分前后的戊日为社日。戊为土，所以在社日要敬土地神、为新坟挂社清、祭祖等。"过社"要办社饭，以糯米、大米各半，拌入蒿菜、野葱、腊肉、豆腐干、姜、葱、大蒜等，用木甑蒸熟而食，其味清香可口。次日炒食之，更风味爽口。

▼ 社饭

▲ 枕头粽

枕头粽

广西罗城仫佬族二月社日（春分前后）要包枕头粽。枕头粽每只有五六斤重，全家人共吃一个就够了。制作时先要浸泡糯米几小时，然后捞出晾干，加入碱水拌匀；接着把粽叶一层一层地摊开至一尺多宽，在上面放上糯米到一定高度，再加叶子围边；每叠一层叶子，铺放一层米，一圈圈紧紧包裹；最后用绳子绑紧系牢，再放进锅中煮整整一天。

根据当地传说，枕头粽是一群砍柴的壮家儿童传授给放牛的仫佬族儿童的。出嫁的女儿有了孩子以后，社日前两三天要回娘家，过完社日回婆家时，娘家则要以枕头粽相赠。而新媳妇第一次在婆家过社日后，婆家也要送枕头粽给亲家。

福建泰宁县春社日家家做米丸，敬祀神农氏，希望春祈秋报。过去人们还以此预卜米价，认为若是先春社后春分，米价不会涨；若是先春分后春社，米价受惊吓，米价看涨。

春分茶

春分时节也是采茶的重要节点，按节令采摘新茶制作嫩尖茶。陕西安康春分所采的茶为雀舌茶，茶形如雀舌头，茶嫩色白带绿。广西浦北官垌石梯山春分时节出产名贵的"春分茶"。石梯山崇岗叠嶂，山深谷幽，植被茂密，每年冬至到翌年春分皆雾雨霏霏。春分时节茶渐出，山民采撷茶芽，谓"头盏春分茶"。经过炒茶青、搓捶、翻炒、搓揉，三炒三搓之后，茶叶揉卷成谷粒状，再用文火翻炒焙干，火候由高到低，待坚实的茶粒涨鼓呈泡凸状，即成名贵的"春分茶"。"春分茶"馨香鲜嫩，清爽回甘，如石梯山的春分时节一样，如梦如幻，又生机勃勃。

茶形如雀舌头　茶嫩色白带绿

▼ 春分茶

扫码可听有声版

清明，是二十四节气中的第五个节气。《燕京岁时记》所引《岁时百问》中说："万物生长此时，皆清洁而明净，故谓之清明。"在 1582 年采用现行公历至 2100 年的 518 年中，清明在 4 月 4 日的为 219 年，4 月 5 日的为 281 年。4 月 6 日为清明节的只有 18 年，其中 20 世纪就有 13 年，最近的一次是 1943 年，到今天已经有近 80 年了，而 21 世纪内一次也没有，所以清明在 4 月 6 日还是个比较罕见的现象呢。

清明节在历史发展中融合了寒食节和上巳节的习俗。先秦时期我国北方一些地方已有比较严格的禁火制度，每当仲春季节，气候干燥，不仅人类保存的火种容易引起火灾，而且春雷发生也易引起山火。古人在这个季节往往要进行隆重的祭祀活动，把上一年传下来的火种全部熄灭，即"禁火"。然后重新钻燧取出新火，作为新一年生产与生活的起点，谓之"改火"。在禁火与改火期间，人们必须准备足够的熟食以冷食度日，此即寒食节的由来。民间则传说寒食节是在春秋时代为纪念晋国的忠义之臣介子推（？—前636）而设立的节日，实则借寒食节表达了中国人对"孝"的推崇和对"忠""义"的理解。上巳节，俗称三月三，是古代举行"被除畔浴"活动中最重要的节日，人们结伴去水边沐浴，称为"被禊"，此后又增加了祭祀宴饮、曲水流觞、郊外游春等内容。融汇了寒食与上巳两个节日习俗的清明节，在宋元时期形成一个以祭祖扫墓为中心，将寒食的禁火、冷食风俗与上巳郊游等习俗活动相融合定型；由于寒食节的禁火、冷食习俗移置清明节，我国北方一些地方还保留着在清明节禁火与吃冷食的习惯。

▲ 青团

清明果

　　清明果，又名青团、菠菠粿（福州）、清明粑（江西）、清明馍馍（四川）、蒿子粑（安徽）、艾果等，是中国南方各省汉族特色食品之一，一般在清明前后食用。清明果外皮绿色，多用艾草或鼠曲草做成，较软，久置后变硬。馅分咸甜等种类，形状有类圆形、饼形、元宝形和饺子形等。

　　清明果以鼠曲草和米粉作为原料，目的是"以压时气"，对解决历史上东晋后由北方迁徙到东南地区的移民由于不适应沿海的湿热气候而出现的水土不服问题有一定的作用。浙江大部分地区清明必食清明团子，杭州称"清明果"，嘉兴地区叫"青团子"。通常是用糯米饭和青蒿草之类混合揉成，团子呈深绿色。有甜的，用糖作馅；有咸的，用豆腐干炒雪里蕻咸菜和春笋、胡葱等作馅。在杭嘉湖地区，每逢清明节，家家总要做蒸青团子，用它上坟祭祖、馈送亲友，留下来的自己吃。在清明前几天，妇女和孩子们手里提着竹篮，三五成群到野外采集草头、小棘姆草和棉头草，然后回家将这些可以吃的嫩草洗净，放在锅里加石灰煮烂，漂去石灰水，变成碧绿的一团纤维，再糅进糯米粉，做成香而糯的青色团子。

菠菠粿，也称清明果，是清明节福州人必备的传统糕点。福州清明节习俗中扫墓祭祖中，供品里除了光饼、豆腐和面点等，清明果也是少不了的。菠菠粿是用菠菠草榨成汁，渗入米浆内揉成粿皮，以枣泥、豆沙、萝卜丝等为馅捏制而成的，造型比较简单。菠菠草的青绿色赋予菠菠粿以春天的绿意。在永定，有句俗话说：没吃过"清明粄"，便不算过清明节。做清明粄的原材料是一种叫苎叶的野生植物，这叶子是绿面白背的，用它做出来的点心，吃起来有种特别的香味，多吃也不觉得饱腻。连城的"清明桃"也有些类似，皮是米浆做的，里面加了鼠曲草或艾叶的汁，因此是绿色的，里面包着笋、香菇和肉，或是芋头和虾米。

没吃过清明粄　便不算过清明节

寓有祖先灵气长存
子孙平安长寿之意

▲ 清明龟模具

清明龟

　　"清明龟"是莆田、仙游一带最具特色的节果，皮是用糯米和清明草磨粉拌和温水制成，以红绿豆或地瓜干加糖煮熟为团馅，用龟形木质模印制做成龟状，放入蒸笼蒸熟。成品色淡黑、质韧、味香、可口健胃，是莆仙很有特色的小吃。清明节那天，人们备酒馔、果品、"清明龟"等祭品上山扫墓、祭奠。

　　莆田的清明龟是将地瓜煮熟后捣烂，加大米粉末（现在一般加面粉）和酵母，经过发酵后，加糖，用龟印压制成形，蒸熟。

　　仙游清明龟则是用糯米粉拌鼠曲草磨成的粉为皮，以绿豆加糖煮熟为馅，用龟印压制蒸熟，做成的龟表面呈紫黑色。先将一斤绿豆放入高压锅，加入一斤半的水，煮熟后，水会充分被绿豆吸收，成糊状，待其冷却后，把绿豆搓成椭圆状。接着就是做外皮，把按好的糯米团揉捏成约 3 毫米厚的扁圆，将绿豆团塞入，最后放在模具上按压。在清明龟的肚子下面会留出一条小缝隙，制作好的清明龟会放在"鸡叶"上，而且要顺着叶脉来放，这样才美观。通过模具的按压，外皮表面印着大龟和小龟，在放入蒸笼前，需要在小龟的背上点食用红，放入蒸笼蒸 15 分钟。

古人说龟与凤、龙、麟合称四灵，故"清明龟"寓有祖先灵气长存，子孙平安长寿之意。清明节期间，村民都会准备清明龟、水果等祭祀物品怀念自己逝去的亲人。

▲ 上坟鹅

上坟鹅

在绍兴，清明节时家境好的，上坟的时候要供鹅。绍兴农家养鹅成风，因饲养期不同，名目也不相同，如"过年鹅""上坟鹅""青草鹅""晒煞鹅"多种，其中"上坟鹅"最为有名。"上坟鹅"因为饲养精，饲养时间短，又是春季春气发动之时，所以它的肉又嫩又肥，实在是上品。

上坟时要拎着活鹅，到上坟时宰杀。绍兴人"鹅"与"我"谐音，表示列祖列宗看到了"我"会很高兴的。上完坟后把鹅带回家，可以做上一顿红烧鹅解解馋。

另外，上供还要用芽豆，用陈年老蚕豆浸透后，裹以草包，使其出芽，蒸熟后就可以食用了。芽豆有芽，继而能长成苗，寓意为有想头，有希望。更主要的还是寓意人丁兴旺，后继有人。

螺蛳

清明螺即田螺、螺蛳。因为清明前后是江南食用螺蛳的最佳时令，此时螺肉肥美，有"清明螺，肥似鹅"和"清明螺，顶只鹅"的说法。

杭州人在清明节前后，还喜欢吃螺蛳。杭州有很多是绍兴移民，风俗受绍兴影响很大。清明节上坟要供鹅，回家后可以烧鹅吃。过去买不起鹅的人家，下河塘摸盆螺蛳，用清水养两天，然后夹去尾端，放点葱、姜、辣椒煮熟，就是一盆好菜。有的就用腌菜卤煮煮，清淡爽口、味道非常鲜美。

吃完螺蛳后，将其壳撒在瓦片上，据说可以不疰夏。也有认为螺蛳贪懒整天躲在壳内，吃了螺蛳可以令人勤快，俗称"嗑懒虫"。

清明螺 肥似鹅
清明螺 顶只鹅

▼ 烧螺蛳

▲ 粉蒸肉

粉蒸肉

　　广西北部官话方言区，农村过清明喜制艾粑粑，城镇居民则包粽子、做粉蒸肉。扫墓回来之后要吃粉蒸肉，是老桂林人的习俗。此日吃粉蒸肉有个传说。相传有一个劫富济贫的广福皇，在清明节前3天或后4天的7天内给其母上坟扫墓，扫墓这天必下雨。上坟所供猪肉，就是从富人家里劫来的。上过坟，广福皇便把猪肉分成一块块，分挂在穷苦人家的门上，好让穷苦人也能吃上一顿粉蒸肉。后因一些贪心之人咒骂广福皇分肉不均，广福皇一生气，从此不再分挂猪肉了。但人们不忘广福皇的恩惠，家家仍做粉蒸肉吃，此食俗也就流传下来。

　　粉蒸肉是桂林传说中的"十大碗"之一，俗称"九死一生"，正宗的吃法是用生菜包着吃。

　　安徽安庆也有清明节吃粉蒸肉的习俗。

子推面花

陕北清明食俗是制作子推面花，这是为了纪念晋国忠臣介子推的。别的时间人们也做面花（也叫花花），但不如清明时讲究。

子推面花的制法是：使用发酵白面，捏一个大蒸馍，象征着人头，另取小团面，制成各种小动物，插在大馒头上蒸制。蒸熟后，再涂以红绿食色即

▲ 面花蛇盘兔

成。陕北的妇女们，手很巧，三搓两揉，一个活灵活现的小鸟就出现了：头上捏出个尖嘴，用剪子一剪，鸟嘴就张开了；嵌上两颗花椒籽粒，眼睛就睁开了；一根压扁的细面条贴在鸟身上，用梳子一压，就成了翎毛。如今面花已发展为民间手工艺术。面花的名目繁多，如"蛇盘兔""猴子吃桃""龙凤呈祥""鲤鱼钻莲""福禄寿"等。清明过后，各家的墙上均挂着一串串各式面花。兔子象征灵活，老虎代表勇敢，鹿儿谐音为福禄，还有"若要发，养呱呱（鸡）；若要富，蛇盘兔"的种种说法。

山西省大宁县在寒食节前一天用白面蒸大馍，称"志忠"。此馍个头大，相当于平常馍的三四倍，上面捏着蛇、虫、鸟之类的动物，只让成年男人食用；女人吃的馍要捏成大鱼形；老人吃的馍捏成猪头形；小孩吃的馍要捏成老虎形。同时还要捏成小拇指大的许多飞禽走兽、瓜果鱼虫，称"捏燕"，蒸熟后插在酸枣刺条上，串成一串串，象征春回大地。

谷雨

扫码可听有声版

　　谷雨，是二十四节气中的第六个节气，于每年公里 4 月 19~21 日交节，是春季的最后一个节气。谷雨是"雨生百谷"的意思，此时降水明显增加，田中的秧苗初插、作物新种，最需要雨水的滋润，正所谓"春雨贵如油"。降雨量充足而及时，谷类作物能茁壮成长。

蒸槐花

谷雨过后的农历四月，槐花飘香，因此也被称作"槐月"。槐，一身都是宝。槐花性苦、微寒，功效凉血止血，清肝泻火，可治疗血热妄行所致的各种出血之症，也可用于治疗肝火上炎之目赤、头痛眩晕，著名的中药方剂"槐花散"中，槐花便是君药。此外，槐花还可单用煎汤或者配伍夏枯草、菊花等做茶饮。

槐花常见的有三种：国槐花、洋槐花和红槐花。国槐花入药，红槐花有毒，唯有白色的洋槐花可供食用。谷雨过后的农历四月，中国北方大面积种植的洋槐树，到了开花的季节，掐下几串来择洗干净，然后就可以制作一顿美膳，既沁人心脾，又带着几分野意。

▼ 洋槐花

国槐花入药
红槐花有毒
唯有白色的洋槐花可供食用

　　北方多地，尤其是以河南为中心的中原地区
有谷雨食蒸槐花的习俗。槐花的清洗至关重要，
因为在槐花盛开的季节，它的花蜜势必会吸引一
些昆虫前来采摘，所以在花瓣之中就会遗落一些
虫卵或者尘垢，所以在清洗的时候要稍微仔细一
点。把洗干净的槐花放入一个大碗中，加少许
的食用油适当搅拌，然后分次少量地加入面粉，
直至搅拌成所有的花瓣均匀裹满面粉即可。上
锅蒸要注意，槐花正处花期，由于花瓣特别嫩，
所以蒸煮的时间无须太长。蒸熟后的面裹槐花，
淋上姜蒜末、味精、酱油、香油调拌的调味汁，
浇上辣椒油，可谓郁郁芬芳醉万家。

蒸榆钱

北方除在谷雨吃槐花外，还吃榆钱。

榆钱是榆树的果实，学名翅果，又名榆实、榆子、榆荚仁等，其形如一串串外圆内方的钱币，所以被人称为"榆钱"最讨口彩。榆树的"榆"和愉快的"愉"是谐音，据说吃了榆钱，还能让人产生愉悦的、欢快的心情。所以，在嵇康的《养生论》中记载，"豆令人重，榆令人瞑。"意思是吃豆类能增加体重，吃榆钱则让人产生微醺的惬意之感，非常舒服。榆钱取其谐音有"余钱"，这余钱亦如"年年有鱼"那样，是对未来的期许和祝愿。

榆钱的吃法很多，新鲜的榆钱可以直接采摘洗净后生吃。撒点白糖，味道鲜嫩脆甜；若喜咸食，可放盐、酱油、香醋、辣椒油、葱花、芫荽等作料凉拌，都是美味的节气佳肴。榆钱粥传说是欧阳修的最爱，他还留诗为证道："杯盘粉粥春光冷，池馆榆钱夜雨新。"榆钱饺子和榆钱窝窝、蒸榆钱都是应时食物。

蒸榆钱是最传统、流行的吃法，做法既简单又美味。把榆钱清洗干净沥干水，然后拌上面粉，放入蒸笼上蒸，蒸上十几分钟后就熟了。把蒜捣成蒜泥，加入醋、生抽、芝麻油、辣椒油调好做蘸汁，拌上刚刚蒸熟的榆钱儿，就可以吃了。

▲ 榆钱

杯盘粉粥春光冷
池馆榆钱夜雨新

▲ 香椿芽儿

香椿芽儿

　　谷雨是春天的最后一个节气，谷雨前后正是香椿上市的时节，故有"雨前香椿嫩如丝"之说。民间有"三月八，吃椿芽儿"的说法，谷雨食椿，又名"吃春"。

　　香椿一般分为紫椿芽、绿椿芽，尤以紫椿芽最佳。香椿芽一般是谷雨前后的鲜嫩，如到立夏，香椿的质量就不好了。香椿芽挑选时要选择短的，因为长的香椿芽是长得时间比较长了，梗比较硬，已经不好吃了。千万不要选太长的。选香椿芽时要仔细看它的粗细，特别是梗，梗粗的代表是新长出来的嫩芽，很新鲜，不要选择细的，细的是老掉的香椿。要想买到新鲜又嫩的香椿芽，还要看香椿芽的叶子，新鲜的香椿芽叶子也很新鲜，而且不容易被拉扯掉，如果香椿芽的叶子轻轻一碰就掉了，那证明这个香椿芽已经放了很长时间，掉叶的香椿芽千万不要买。再就是在购买的时候要闻一下这个香椿芽有没有一种清香味，如果有，那这个香椿芽就是比较新鲜的。

　　凉拌香椿和香椿炒蛋应该是谷雨餐桌上最靓的"仔"吧。

吃牡丹

民谚云:"谷雨过三天,园里看牡丹。"因此,牡丹花也被称为"谷雨花"。谷雨季节,山东菏泽、河南洛阳、四川彭州等地都有观赏牡丹的节日,因此有"谷雨三朝看牡丹"的说法。

谷雨季节,以牡丹花做成食物的,唯有洛阳一地。将每年谷雨时节盛开的牡丹鲜花瓣拌入馅料后入饼,花瓣的口感里有饼的香甜,饼身的口感里又掺杂着一丝牡丹花的清香,当牡丹饼被一层一层揭起时,河洛的味道也就被一层一层地回味起来。

牡丹不仅好看,全株皆乃良药。在甘肃省武威市发掘的东汉早期墓葬中,发现医学简数10

▼ 洛阳牡丹饼

谷雨过三天
园里看牡丹

枚，其中就有牡丹治疗血瘀病的记载。"牡丹味辛寒""久服轻身益寿"是古代医书对它的定论，所以把具有药用价值的牡丹入糕、入馔，加工料理，古已有之，甚至牡丹饼还一度有"益寿之饼"之谓，因此在古代的官家、大户人家中较为流行。

牡丹饼等鲜花饼（花糕）在唐代就已出现。根据资料显示，这些花糕的做法有很多种，有水、面加蜂蜜、花粉蒸制的，如松黄饼、贵妃红；有加牛羊脂、牛羊乳加工后的花瓣、花朵烤制而成的，如牡丹饼、梅花饼、菊花饼等。

大概是唐代帝王都有喜食花糕的嗜好，他们经常拿牡丹饼一类的花糕赏赐群臣。明代万历年间的类书《山堂肆考·饮食·卷二》中提到，热爱牡丹的武则天，在花朝日令宫女采收百花，制作花糕，分赐群臣；《宋稗类抄》载，唐御膳以红绫饼馅为重，昭宗朝时，曾用红绫饼赐新科进士。唐末进士卢延让年老时被人排挤，还拿当年吃过皇帝赏赐的红绫饼聊以自慰："莫欺零落残牙齿，曾食红绫饼餤来。"

谷雨茶

　　在谷雨这一天，福建桃江、安化县一带村民在谷雨这天采摘鲜茶叶炒制，加上芝麻、炒绿豆、花生仁制作成擂茶，俗称"谷雨茶"。会喝茶的人都懂，"吃好茶，雨前嫩尖采谷芽"。清明见芽，谷雨见茶，真正的好茶采自谷雨时节，味道非常香醇。采茶专家介绍，谷雨又名"茶节"，谷雨前采摘的茶叶细嫩清香，味道最佳，故谷雨品尝新茶，相沿成习，此时也是采茶、制茶、交易的大好时机。相传喝了谷雨茶能解凉消毒，寓意在夏天不易生痱子、疱子。

　　谷雨这一天，除了家庭饮"雨前新茶"之外，还有结伴饮新茶、添乐趣的饮茶风俗，故民间有"三月茶社最清出"的说法。这一天的各地茶馆也装饰一新，迎接茶客。茶友们相约聚在一起喝一盅清香高雅的"雨前茶"，交谈各自的饮茶经验。旧时的一些文人雅士饮"雨前茶"，讲究一观、二品、三思。

　　一观，茶叶冲水后渐渐下沉缓展，接着徐徐舒展，上下翻飞，情趣盎然；二品，茶色银澄碧绿，幽香芬芳，入口由涩转甜，喉清心爽，回肠荡气；三思，品后闭目回味，凝思遥想，似见湖面烟波浩渺，渔帆点点，恍然如游神，富有诗情画意。

立夏，是二十四节气中的第七个节气，夏季的第一个节气，交节时间为每年公历 5 月 5~7 日。立夏的"夏"是"大"的意思，"立夏"是指春天播种的植物到这时候已经直立长大了。春生、夏长、秋收、冬藏，夏季是许多农作物旺盛生长的最好季节。

扫码可听有声版

斗蛋

立夏胸挂蛋
小人疰夏难

　　"立夏蛋，满街甩"，斗蛋通常是江南地区小孩子们的游戏。要用熟鸡蛋，一般是用白水带壳煮的囫囵蛋（蛋壳不能破损），经冷水浸过，然后装在用彩色丝线或绒线编成的网兜里，让孩子挂在脖子上。斗蛋的规则挺简单，说白了就是"比比谁的蛋壳硬"：大家各自手持鸡蛋，尖者为头，圆处为尾，蛋头撞蛋头，蛋尾击蛋尾，一个一个斗过去，斗破了壳的，认输，然后把蛋吃掉，而最后留下的那个斗不破的小强，被尊为"蛋王"。为什么要斗蛋？民间的说法是："立夏胸挂蛋，小人疰夏难"。进入夏天后，因感暑热之气，有些人，尤其是老幼体弱者，容易出现食欲不振、乏力倦怠、心烦气虚之类的症状，称为"疰夏"。鸡蛋作为一种简单易得的营养品，用来预防疰夏提前"进补"，是个不错的选择。而配合孩子们的心性，将吃与玩结合在一起，那就更好了。

当然，作为一种节令习俗，"立夏蛋"有它的巫术仪式意义所在。根据中国传统医学理论，夏季宜养心，人们认为"心如宿卵"，所以在夏天到来的时候吃蛋，作用是"拄心"。而"吃蛋拄心"，配合上立夏的其他习俗——吃笋，拄腿；吃豆，拄眼——人们因面对着即将到来的酷暑苦夏、身体亏损而生的不安全感，终于在这一整套"以形补形"、支撑体魄康健的仪式中找到了消解之处。所以，过去的民间俗谚会这样说："立夏吃了蛋，力气大一万。"

立夏吃了蛋　力气大一万

吃三鲜

立夏之日，古时天子率公卿大夫在都城南郊举行迎夏之礼，并着朱衣，以符夏为赤帝之意，同时以生肉、鲜果、五谷与茗茶祭祀古帝。此习俗流衍至民间，便有立夏尝新之举。在六朝古都南京，后来慢慢发展成立夏尝三鲜的习俗。立夏尝三鲜又称为"立夏吃三鲜"或

▲ 南京"地三鲜"

"立夏见三新"。三鲜一般又分为"地三鲜""树三鲜"和"水三鲜"。

关于三鲜到底是什么，民间有不同的说法。一般来说，地三鲜指的是蚕豆、蒜薹、苋菜。其实各地都有自己的三鲜。在立夏日吃这三样美食有一定的道理，立夏时蚕豆刚好上市，豆又叫发芽豆，立夏吃豆，讨的是"发"的彩头；蒜薹鲜嫩，还可以杀菌；而时令蔬菜红苋菜，则一定要在吃完之后将菜盆里红红的汤汁一饮而尽，讨的是"红"运当头的彩头。树三鲜，则是指樱桃、枇杷、杏子，这几样都是应时水果，平时很难吃到，错过季节还要再等上一年。水三鲜即海螺、河豚、鲥鱼。鲥鱼现已绝迹，而河豚则要"拼死"而食，现今已改作海螺、鲳鱼、黄鱼了。

▲ 儿童野炊

百家饭

　　立夏早晨，杭州人一定要吃乌糯米饭。乌饭树叶拿来之后，把叶子摘下，放在竹编的大淘箩中，再用一只大木盆放满水，将叶子浸入水中，隔淘箩揉搓，叶子渐渐变碎，水变黑。然后将糯米放在大布袋里，浸入水中。次日早上，将浸了一夜的糯米取出，用大蒸笼蒸成青蓝色的糯米饭，清香可口，这就是"乌糯米饭"。乌糯米饭做成之后，第一碗必须先供灶司菩萨，再供祖先，然后再每人一碗享用。立夏前后，店铺中也会用乌糯米饭制成方块的糕出售，称作"乌饭糕"。立夏日，杭人必备的食品有十二种，并有歌谣唱道："夏饼江鱼乌饭糕，酸梅蚕豆与樱桃，腊肉烧鹅咸鸭蛋，海蛳苋菜酒酿糟"。

烧立夏饭，也是立夏日的主要活动。在杭州叫"烧野米饭"，在湖州叫"烧野锅饭"。该日，一般为儿童集伙举办，各家凑点柴米，也有用向各家讨来的百家米，从田中采摘新鲜蚕豆（或豌豆），在野外搭锅烧煮豆饭（也有加入少量咸肉、春笋的）。据说吃过野米饭，不会疰夏，人也变得聪明、勤快。

民国年间，杭州颇为盛行儿童"百家饭"。并不是自家没米，而是习俗以为一定要挨家挨户去讨，这种饭吃了才能辟邪，才能使孩童们有抵御灾难的能力。这种饭又称"立夏饭""野米饭"，习俗以为是不能在家里烧的。所以到了这一天，孩子们总是会在大人的指导下，把锅灶搭到野外或是某个空旷的场所，大家七手八脚地干着活，分工协作，互相帮助，最后终于把饭煮熟了。这时候吃起来，自然是会比自己家里大人煮的饭更香些。当然，这在营养学、医学上并没有什么道理，不过要是在社会心理学、人类学上去讨论，却大有趣味。让孩子们从小知道个体与群体之间的依存关系，体会乡情的重要，学会生存，应该说是非常有好处的。

夏饼江鱼乌饭糕　酸梅蚕豆与樱桃
腊肉烧鹅咸鸭蛋　海蛳苋菜酒酿糟

清明狗儿

在杭州还有一种吃"清明狗儿"的趣俗。做清明果时，将青粉制成狗形，俗称"清明狗儿"。这种"清明狗儿"，并不在清明节吃，而是把它晾干，到了立夏节，才把它拿出来用荠菜花煮熟了给小儿吃，据说吃了不会疰夏。所以做成狗形，取其"健而贱"之义。也有将清明狗儿放到米饭里一起烧来吃，一家几口人，每人吃一只，民间有谚语云："吃了清明狗，一年健到头。"

因为放的时间长达一个月，所以有些已经霉变，再吃的话对肠胃有影响，因此在1950年爱国卫生运动后，清明狗儿基本绝迹了。近年来，立夏清明狗儿又闪亮回归，只不过都是现做的，不存在食品安全问题。

▼ 清明狗

▲ 麦蚕

麦蚕

上海郊县及江苏省海门、启东农民会在立夏日制成寸许长的条状食物，称麦蚕。

旧时，农家普遍生活困苦，到了立夏时节，家里的粮食差不多已吃光了。于是便把田里的青麦穗割回家去，用手搓下青麦籽，吹去麦壳，然后下锅炒熟起锅。因为麦壳一次去不净，还要再次弄净麦壳。下锅炒熟后，趁热用石磨将麦粒磨成细细的麦条儿。因其形似幼蚕，便称之为麦蚕。

青麦蚕的制作方式比较繁杂。首先要选好的麦穗，最好用元麦做，用小麦的话筋韧比较差而且太黏，不适合拿来制作。做麦蚕的麦穗

因其形似幼蚕
便称之为麦蚕

很有讲究，必须用收浆期——即灌浆饱满，但仍呈青色的麦穗。要是麦子还在冒浆就拿来做青麦蚕，那就都是皮和浆汁。要是麦子老了，制成的青麦团会又硬又粗，很难吃。

麦穗采进来后，需要分离麦芒和嫩麦粒。传统手工制法是将麦穗装进干净的布袋中，然后抡起布袋在地面上摔打，这道工序看似简单，其中却有一定的技术含量。用力轻了麦芒和麦粒分不开；重了嫩麦粒就被摔碎了。摔打过后，打开布袋，嫩麦粒已脱落，倒进卷筛，滤掉些麦芒，再进行飏簸，便进入了炒制的环节。

炒制在土灶上进行，一定要用硬柴，这样火头旺，而且要掌握好火候，炒得时间过短，不熟；过长，则麦粒变黄，口感和卖相就打了折扣。炒制大约 20 分钟后，青麦粒就可出锅。等麦粒凉透后装进袋再次摔打，脱去麦粒上的麦壳。最后，趁热用石磨将炒制好的麦粒磨成一寸左右的条子，因为形似幼蚕，所以当地人称之为麦蚕。

天热不中暑　立夏吃苎饼

▲ 苎叶馃

苎叶馃

皖中大别山区，立夏要吃蒸菜。取嫩芥菜叶洗净，在沸水中烫一下，除去涩味，切成7厘米长的段，加盐、葱姜末、咸肉丁、咸猪肠、熟猪油拌和，再拌入粗糯米粉和籼米粉，使其包住芥菜，入笼蒸熟即成。

皖南山区则吃"苎叶馃"，有"立夏吃苎饼，天热不中暑"的俗语。做法是把苎麻叶去筋，洗净，用沸水汆一下，挤去水分，切碎，剁成泥。将糯米粉用开水和匀，拌入苎叶泥，揉匀，做成面剂，包入用芝麻粉拌白糖做成的馅，按扁成馃状，蒸熟即成。

皖南休宁等地，立夏日要食芋叶果，即将浸煮过的芋麻叶揉碎以后，和糯米粉做果，内放芝麻粉糖馅。还要吃腌鸡蛋、咸鸭蛋和臭豆腐。芋叶果象征夏初万物生长的蓬勃生机，腌蛋和臭豆腐系凉性食品，据说可防暑，不生疥。这天黟县一带要用嫩菜叶拌米粉做果，叫"立夏馃"，说是孩子吃了"不怯夏"。

立夏 | 057

小满，是二十四节气中的第八个节气，于每年公历 5 月 20~22 日交节。小满的意思有二：一是这时全国北方地区麦类等夏熟作物籽粒已开始饱满，但还没有成熟，相当于乳熟后期，所以叫小满；二是小满节气意味着进入了大幅降水的雨季，雨水开始增多，往往会出现持续大范围的强降水，"小满，江河易满"。

扫码可听有声版

▲ 祭蚕神

小满乍来　蚕妇煮茧
治车缫丝　昼夜操作

祭蚕

　　相传小满为蚕神诞辰，因此江浙一带在小满节气期间有一个"祈蚕节"。我国农耕文化以"男耕女织"为典型。蚕丝需靠养蚕结茧抽丝而得，所以我国南方农村养蚕极为兴盛，尤其是江浙一带。《清嘉录》中记载："小满乍来，蚕妇煮茧，治车缫丝，昼夜操作。"可见，古时小满节气时新丝已行将上市，丝市转旺在即，蚕农丝商无不满怀期望，等待着收获的日子快快到来。

　　蚕是娇养的"宠物"，很难养活。气温、湿度，桑叶的冷、熟、干、湿等均影响蚕的生存。由于江浙一带养蚕较多，小满又是幼蚕孵出、桑叶生长的重要时段，因而对"祭蚕神"也相对更重视一些，这时人们会吃以米粉或面粉制成的，一种形似蚕茧的小食。由于蚕难养，古代把蚕视作"天物"。为了祈求"天物"的宽恕和养蚕有个好的收成，人们在小满季节放蚕时节举行祈蚕节。

祭车神

祭车神是江南一些农村地区古老的小满习俗。旧时水车车水排灌为农村大事，谚云："小满动三车"，水车例于小满时启动。此前，农户以村圩为单位举行"抢水"仪式，行于海宁一带，有演习之意。多由年长执事者约集各户，确定日期，安排准备，至是日黎明即群行出动，燃起火把于水车基上吃麦糕、麦饼、麦团，待执事者以鼓锣为号，群以击器相和，踏上小河汊上事先装好的水车，数十辆一齐踏动，把河水引灌入田，至河浜水光方止。

祭车神是古俗，传说"车神"为白龙，农家在车水前于车基上置鱼肉、香烛等祭拜之，特殊之处为祭品中有白水一杯，祭时泼入田中，有祝水源涌旺之意。以上旧俗表明了农民对水利排灌的重视。

▼ 水车

▲ 苦菜

苦菜

　　在古人看来，小满的标志性物候有三：一候苦菜秀，二候靡草死，三候麦秋至。

　　一候苦菜秀。《尔雅》说，"不荣而实谓之秀，荣而不实谓之英"，小满前后，漫山遍野的苦菜争相开了花，如小小的、嫩黄的野菊，裹一层白细的茸毛，明艳却不夺目，静悄悄开着，也不结果，倒不如以"英"谓之。小孩子采回一把，趴在灶台边，看大人将苦菜择好洗净，过水轻焯，控干晾凉，加入姜、蒜、油盐简单调味，吃在嘴虽有掩不住的苦涩滋味，不过这却是能安心益气、清热明目的夏日佳肴。伯夷叔齐耻食周粟，躲到首阳山采薇食苦菜，以致饿死。虽其国亡，但既身为人臣，理应尽其心、全其志，二人当真是骨气奇高的仁义之辈。连屈原亦以二人为榜样，要亲手种下一棵独立不迁之橘树，以其"行比伯夷，置以为像兮"。但诗人向来不喜欢苦菜，王逸说"董荼茂兮扶疏，蘅芷彤兮莹嫇"，蘅芷香草零落萧瑟，反倒是苦菜生得茂密，正如朝中群小当道，令人忧思忡忡。

苦菜本为救荒之草，长于山泽，在南方可凌冬不凋；且极易存活，种子随风飘扬，落处即生，故处处有之。后世之人吃惯了鱼肉，将它和着米粉做饼，竟也有了"其甘如荠"的美味，尤其霜后的苦菜，更是"董荼如饴""甜脆而美"。

芒种

　　芒种，二十四节气中的第九个节气，于每年公历 6 月 5~7 日交节。芒种时节气温显著升高，雨量充沛，是适宜晚稻等谷类作物耕播的节令，它是古代农耕文化对于节令的反映。芒种节气作为种植农作物时机的分界点，是一个播种忙碌的节气，民间也称其为"忙种"。因过了这一节气，农作物的成活率就越来越低了。农谚"芒种忙，忙着种"说的就是这个道理。这个时节，正是南方养稻与北方收麦之时；南方地区人们忙着插秧播种，北方地区人们则忙着收麦。

开犁节

浙江省云和县有"开犁节"，在农历二十四节气的芒种节那天举办。

在云和梅源一带流传着这样的传说：牛是天庭的司草官，因为同情人间饥荒，偷偷播下草籽，但结果导致野草疯长拯救了牲畜，而农田被野草淹没使农人无法耕种，上天为了惩罚牛，指令其下凡犁田，直至今日。

开犁是云和梅源一带山区农民启动春耕的时令体现，过去把"开犁节"叫作"牛大王节"。

开犁节上，还要杀猪，用整头猪祭祀神农氏。人们在梯田中燃香祭拜后，把整猪祭品分割，分到全村各家各户。开犁节这天，干了一天活的村民体力消耗大，回家后共享猪肉，寓意五谷丰登，六畜兴旺，家族和睦兴盛。

▼ 开犁节

煮梅

在南方，每年五、六月是梅子成熟的季节，百姓至今习惯于在芒种节气里泡青梅酒。在南方，每年五、六月是梅子成熟的季节，梅子采摘了放在家里阴干，芒种这天将清洗过的梅子泡在白酒里，白酒一般选55度的，以10斤白酒放3斤梅子、两斤冰糖为比例配方，青梅泡酒过程为一个月。这个民俗与三国时典故"青梅煮酒论英雄"颇有渊源。

青梅含有多种天然优质有机酸和丰富的矿物质，具有净血、整肠、降血脂、消除疲劳、美容、调节酸碱平衡，增强人体免疫力等独特的营养保健功能。但是，新鲜梅子大多味道酸涩，难以直接入口，需加工后方可食用，这种加工过程便是煮梅。

青梅煮酒论英雄

晒虾皮

芒种时节，沿海一带的渔民忙于晒毛虾。因到了芒种季节，毛虾正值产卵期，体质正肥，肉质正实，营养价值更好。人们将芒种期间晒成的虾皮称为"芒种皮"。

虾皮分生晒虾皮和熟晒虾皮两种。生晒虾皮指淡晒

▲ 芒种皮

成品，其鲜度较高，不容易返潮和霉变；熟晒虾皮加盐煮沸，沥干晒燥，虽然保持鲜味，但是其口感略逊于生晒虾皮。

芒种虾皮产自东海渔场，浙江省温州洞头洋渔场三盘岛一带为最佳，每年只在芒种时节前后半个月旺发，故称之为"芒种皮"。芒种皮与一般的虾皮不同，虾体粗大、发红、味美，虾皮背至尾带红膏。其钙质含量高，营养丰富、风味独特。

芒种虾是芒种前后处于产卵期的毛虾，这个时节的毛虾既丰腴又饱满，只有稍纵即逝的一个月产期，用这最佳一个月捕捞的虾制作的虾皮，就是虾皮中的极品——芒种虾皮。而芒种过后，毛虾产完卵，就变成像纸一样薄的瘦削，味道口感就与芒种毛虾无法同日而语了。

人们将
芒种期间晒成的虾皮称之"芒种皮"

扫码可听有声版

　　夏至，是二十四节气的第十个节气，一般在公历 6 月 21~22 日交节。夏至这天，太阳直射北回归线，是一年里太阳最偏北的一天，是太阳北行的极致，是北半球日照时间最长的一天，也是白昼时间超过黑夜时间最多的一天。

　　夏至既是二十四节气之一，也是古时民间"四时八节"中的一个节日，自古就有在夏至拜神祭祖之俗。

吃面

夏至多以面祭祖，故家家吃面；冬至，多以饺子祭祖，家家吃饺子，俗有"冬至饺子夏至面"之谚。这在某种程度上也是古代祭神、祭祖之传统的演变和遗存。

这里说的吃夏至面，主要指的是面条。说到面条，它可以说是我国非常古老的食物之一了。早在距今约4000年的新石器时代喇家遗址中，就曾出土了一些面条。不同于后世通常以小麦为原料碾制的面粉，这"面条"的主要成分却是小米、黄米，而且还有油脂成分，是调过味的。

冬日吃碗热汤饼很容易理解，夏至吃面是怎么来的呢？除了祭神、祭祖的风俗演变之外，最

冬至饺子夏至面

▼ 武汉热干面

068 寻味二十四节气

直接的原因是夏至开始收新麦子了。

小麦传入中国后，黄河流域的先人们最早依循着春种秋收的方式耕种，后来渐渐发现，小麦这种作物若在秋末耕种，夏至前后就可以收获。汉代时期的中国人首先发现并成功培育了宿麦这一品种，也就是著名的冬小麦。冬小麦秋天耕种，到夏至收割，在很大程度上解决了夏秋之际粮食青黄不接的问题。一冬的储粮已经告罄，眼下新麦子又可以收割，就像范成大《夏日田园杂兴》所写："二麦俱秋斗百钱，田家唤作小丰年。饼炉饭甑无饥色，接到西风熟稻天。"

收完麦子，最直接的想法肯定是尝尝新，体验一下收获的幸福感了。清人潘荣陛的《帝京岁时纪胜》写道："麦青作碾转，麦仁作肉粥。"中原很多地区，至今仍会在夏至时节吃这种叫做"碾转"的面食。不过碾转是什么呢？

新麦子刚下来，来不及磨成面，就想尝尝鲜，怎么办？于是人们就把尚带青色的麦穗煮熟，搓下绿色的新鲜麦粒，直接放在石磨上碾压，还带有水分的麦仁，在两扇石磨的缝隙一过，就变成了一种不规则条状的面食——碾转。碾转带着新麦子天然的清香，又有韧劲，又好吃。

二麦俱秋斗百钱　　田家唤作小丰年
饼炉饭甑无饥色　　接到西风熟稻天

永康麦饼

　　夏至夜，在永康、浦江等地农村，擀面为麦饼，烤熟，卷以青菜、豆荚、豆腐及腊肉等，谓之"卷麦饼"。亲邻互相馈送，家人分而食之，称"醉夏"。

　　谚云"夏至夏至，麦饼尽吃"，夏至到来，诸暨好多农村就有做夏至麦饼、吃夏至麦饼的习惯，如应店街、次坞。夏至麦饼用小麦粉做成，形如半月。

　　"夏至麦饼"，顾名思义，就是夏至要吃的饼，诸暨的夏至麦饼有好几种，总的来说，必不可少的就是松花粉，所以有些地方也叫"松花麦饼"。松花具有祛风、益气、清热解毒的功效，诸暨人夏至喜欢吃松花饼，这样到了真正的三伏天就不会被烈日高温侵蚀到身体。由此，松花饼不止于美食，更是我们先人的大智慧。

▼ 永康麦饼

▲ 蜂蜜凉粽子

吃粽子

　　在中国西北地区如陕西，夏至日食粽，并取菊为灰用来防止小麦受虫害。在南方，此日用大秤称人以验肥瘦。农家擀面为薄饼，烤熟，夹以青菜、豆荚、豆腐及腊肉，祭祖后食用或赠送亲友。

　　蜂蜜凉粽子是西安、关中和陕南一带特有的品种，它形似菱角，白莹如玉，用丝线或竹刀割成小片，再淋上蜂蜜或玫瑰、桂花糖浆，吃起来筋软凉甜、芳香可口。

作为最早被确定下来的节气之一，很长一段时间里，冬至和夏至一直是一年中让人无法忽视的时间节点，冬夏两季的主要习俗几乎都集中在冬至、夏至两天。汉魏之后，带有浓厚人文色彩的端午节缓慢起步，后来居上，竟将夏至的节日习俗逐步吸纳到自己的势力范围内。晋周处《风土记》中尚有"俗重五日，与夏至同"的说法，大约到南朝时期，与屈原传说关系密切的端午节就已取代夏至，成为整个夏季最重要的节日。翻看汉魏之后的地方志书、民俗典籍，能看到夏至依依不舍、渐渐隐去的身影。至清末民初，各地岁时节日记载中，冬至尚存，夏至几不可寻。陕西民间的夏至节日，其习俗也与端午混为一体了。然而，从阴阳流转、追求和谐平衡的自然时间节点，到弘扬民族精神的人文节日，对夏至来说，并不是结束，而是一次更有意义的升华。

俗重五日　与夏至同

▲ 玉林荔枝狗肉节

狗肉

　　玉林荔枝狗肉节，是广西玉林市民间自发形成的节日，是一种欢度夏至的传统民俗。每年夏至这天，豪爽好客的当地民众习惯于聚在一起食用狗肉，呼朋唤友地聚在一起欢度夏至，并用新鲜荔枝就酒。

　　民间有语："冬止鱼生夏止狗。"由于狗肉温热，易上火，夏至是"阳气"最盛的一天，吃荔枝和狗肉这两种很"热气"（容易上火）的东西，正好与"阳气"呼应，"以阳制阳"，不会像平常那样热火攻心，所以在这一天放开肚子吃大餐。一个说法叫"冬至鱼生夏至狗"，"止"于"至"两个相近的发音却让人误解其意。一些人认为，这样应该理解为冬至的时候吃鱼生，夏至的时候应该吃狗肉。于是人们便在夏至到来的时候吃狗肉，大啖荔枝，以至逐渐形成习俗。

小暑，二十四节气之第十一个节气，于每年公历 7 月 6~8 日交节。暑，是炎热的意思，小暑为小热，还不十分热。意指天气开始炎热，但还没到最热。小暑虽不是一年中最炎热的季节，但紧接着就是一年中最热的季节——大暑，民间有"小暑大暑，上蒸下煮"之说。

扫码可听有声版

黄鳝

俗话说，小暑黄鳝赛人参。黄鳝生于水岸泥窟之中，以小暑前后一个月的夏鳝鱼最为滋补味美。夏季往往是慢性支气管炎、支气管哮喘、风湿性关节炎等疾病的缓解期，而黄鳝性温味甘，具有补中益气、补肝脾、除风湿，强筋骨等作用。

"小暑黄鳝赛人参"与中国传统营养"春夏养阳"的养生思想是一致的，蕴含着"冬病夏治"之意。传统营养理论认为夏季往往是慢性支气管炎、支气管哮喘、风湿性关节炎等疾病的缓解期。此时若内服具有温补作用的黄鳝，可以达到调节脏腑、改善不良体质的目的，到冬季就能最大限度地减少或避免上述疾病的发生。因此，慢性支气管炎、支气管哮喘、风湿性关节炎、阳痿、早泄等肾阳虚者，在小暑时节吃黄鳝进补可达到事半功倍的效果。

　　淮河、大运河流经江苏淮安，洪泽湖又在附近，几个水系都盛产鳝鱼。在淮安，长鱼又称鳝鱼。用长鱼作菜摆宴席名叫长鱼宴。根据洪泽志记载："洪泽长鱼，肉嫩性纯，俗名'策杆青'"。经过淮安历代厨师精心研制，形成了传统名菜"长鱼宴"。高明的厨师能用长鱼作主菜摆宴席，每天一席，连续三天，做出一百零八样，形式各异，味道不同，鲜而可口。传统长鱼菜谱每席八大碗、八小碗、十六碟子、四个点心。

洪泽长鱼　　肉嫩性纯　　俗名"策杆青"

▲ 桂花糯米藕

 藕

一直以来，民间素有小暑吃藕的习俗。

早在清咸丰年间，莲藕就被钦定为御膳贡品了。因与"偶"同音，故民俗用食藕祝愿婚姻美满，又因其出淤泥而不染，与荷花同作为清廉高洁的人格象征。

南方地区有小暑吃蜜汁藕的习惯。将鲜藕用小火煨烂后，切片并加适量蜂蜜当凉菜吃。也可以把藕切成薄片，用开水焯一下，加醋等凉拌。还可以把藕和排骨一起清炖。藕中含有大量的碳水化合物及丰富的钙磷铁等，具有清热养血除烦等功效，适合夏天吃。

藕的吃法很多，既可单独做菜，也可用作配料。鲜藕炖排骨、凉拌藕片、虾仁藕丝、鱼香藕丝都是常见的吃法，也可以做成藕肉丸子、藕饺、藕粥、藕粉糕等花样。

人们平时食用时，往往把藕节丢弃。其实藕节本身就是很好的药材，而且营养丰富。将藕节加红糖煎服，对于吐血、咳血、尿血、便血、子宫出血等都有不错的疗效，因此建议人们不要将藕节丢弃。

废止的旧俗：食鲎

旧时福州有"大暑荔枝小暑鲎"的说法。从前每到小暑节气，中华鲎会大量上市，它是福州人夏季餐桌上的美食。而到了大暑节气，荔枝又会大量上市。于是人们就形成了大暑吃荔枝小暑

▲ 中华鲎

吃鲎的习惯。不过，如今中华鲎是国家二级保护动物，当地人们正通过人工育苗及海区放流对中华鲎种群资源进行保护和恢复。

平潭是我国享誉世界的产鲎区，平潭鲎产量曾居全国第一。平潭主岛海坛岛的居民都说，以前平潭当地的中国鲎"多得像米一样"，没有把它当回事，怎料到如今它会奇货可居。该岛建民村一位 70 多岁的王姓依姆说，自她懂事起，就经常在海滩上看到密密麻麻的鲎，很像人们经常可以看到的退潮时小海蟹成群结队地聚集在海滩上的场面。如果大潮涨到海边的田埂边，鲎还会爬到田地里，下地耕田还能捡到鲎，当地因此有了"六月鲎爬上灶"的说法。

平潭中华鲎产量呈指数下滑的势头已经持续了近半个世纪。20 世纪 70 年代，平潭鲎产量比 20 世纪 50 年代末减少大约 80%~90%，到 20 世纪 90 年代末，平潭鲎已形不成渔业。平潭鲎已经面临濒危的境况。

田家作苦　岁时伏腊

亨羊炰羔　斗酒自劳

伏羊

　　伏天，是三伏的总称。古代也专指三伏中祭祀的一天。古人以为，伏天之时，阴气迫于阳气而藏伏，故名之。一般说"伏日"是指入初伏的那一天。夏至后第三个庚日入初伏，第四个庚日入中伏，立秋后第一个庚日入末伏，总称"三伏"。伏天大部分是在小暑期间开始的。

　　伏羊节是中华传统美食节日，于每年传统初伏之日开始，至末伏结束，持续一个月。"伏天吃伏羊"在江苏徐州地区有悠久历史。自古以来，徐州地区民间就有"伏羊一碗汤，不用神医开药方"的说法。

　　"伏羊"，即入伏以后的羊肉。《汉书·杨恽传》记载："田家作苦，岁时伏腊，烹羊炰羔，斗酒自劳。"在伏天吃羊肉对身体是以热制热，排汗排毒，将冬春之毒、湿气驱除，是以食为疗的大创举。徐州彭祖伏羊节及萧县伏羊节分别被列入江苏省和安徽省的省级非物质文化遗产名录。

大暑，是二十四节气中的第十二个节气，于公历 7 月 22~24 日交节，是夏季最后一个节气。"暑"是炎热的意思，大暑，指炎热之极。大暑相对小暑，更加炎热，是一年中最热的节气，"湿热交蒸"在此时到达顶点。大暑气候特征：高温酷热、雷暴、台风频繁。

扫码可听有声版

▲ 姜汁调蛋

姜汁调蛋

　　所谓"热在三伏"，大暑一般处在三伏里的中伏阶段，这时在我国大部分地区都处在一年中最热的时段。大暑送"大暑船"活动在浙江台州沿海已有几百年的历史。"大暑船"完全按照旧时的三桅帆船缩小比例后建造，船内载各种祭品。活动开始后，多名渔民轮流抬着"大暑船"在街道上行进，鼓号喧天，鞭炮齐鸣，街道两旁站满祈福人群。"大暑船"最终被运送至码头，进行一系列祈福仪式。随后，这艘"大暑船"被渔船拉出渔港，然后在大海上点燃，任其沉浮，以此祝福人们五谷丰登，生活安康。

　　台州椒江人还有大暑节气吃姜汁调蛋的风俗，姜汁能去除体内湿气，姜汁调蛋"补人"，也有老年人喜欢吃鸡粥，谓能补阳。

晒伏姜

三伏天时，人们把生姜切片或者榨汁后，与红糖搅拌在一起，装入容器中蒙上纱布，于太阳下晾晒。虽然整个三伏天都可以晒姜，统称为"伏姜"，但要论功效最强、效果最好的，一定是大暑这一天晒出的姜。

因为大暑是一年中最热的时候，太阳毒得很。人们会在大暑这一天，把生姜好好晾晒。晒出的伏姜，一整年都可以食用，且效果比普通姜好很多。

夏季人们经常会出现腹胀、腹痛、腹泻、呕吐的情况，伏姜一出立马解决。喝过伏姜后，人会有身体发热的感觉，使血管扩张，血液循环加

▼ 晒伏姜

快，促使身上的毛孔张开，不但能把多余的热带走，同时还把体内的病菌、寒气一同带出。当身体吃了寒凉之物，受了雨淋或在空调房间里待久后，喝杯伏姜能及时消除因肌体寒重造成的各种不适。

河南一带的人，喜欢把生姜切片或者榨汁后与红糖搅拌在一起，装入容器中蒙上纱布，于太阳下晾晒。等生姜和红糖充分融合后食用，对老寒胃、伤风咳嗽等有奇效，并有温暖保健的功效。

但上面做法保存时间有限，最普遍的晒伏姜，方法很简单。从菜土里拔出一兜生姜来，把生长出来的嫩芽掰掉，只剩下皮色灰褐的老姜，清洗干净泥土，远远地往瓦屋顶上一丢，就算了事。一定要丢在屋瓦的背垄上，这样才不会被雨水浸泡。把生姜丢在屋顶上，白天经受酷暑骄阳的炙烤，晚上承受露水的浸润，直到出伏的那一天。等伏天过去，搬把梯子，从屋顶上将姜捡回来，这就是最正宗的伏姜了。

煎青草豆腐

温州大暑的习俗要煎青草豆腐。青草豆腐指的是采用仙草、甘草、夏枯草、菊花、金银花等中草药煎制成豆腐形状，冷却后即可食之，清凉解毒，生津止渴。过去不少家庭都能自制食用。

"青草"是一味古老的中药，"黑"是怎样形成的呢？将凉粉草的地上部分，洗净、切段、晒干或半干、堆叠、闷之，使其自然发酵变黑。然后，煎汁、浓缩、晾凉成冻。"青草豆腐"为黑琥珀色、透明的胶状。

春夏之交，很多城里人会去近郊踏青采割，有自己动手制作"青草豆腐"的习惯。近年来，随着市郊渐渐"远去"，人们工作和生活的节奏又不断加快，加上制作青草豆腐的难度增加，如野生植物的污染、操作繁杂等因素，市民自制青草豆腐已为数不多了。

▼ 青草豆腐

▲ 江西擂茶

饮伏茶

伏茶，顾名思义　是三伏天喝的茶

从古至今，民间都有大暑三伏天饮伏茶的习俗，伏茶，顾名思义，是三伏天喝的茶，这种由金银花、夏枯草、甘草等十多味中草药煮成的茶水，有清凉祛暑的作用。尤其是在江西等地，人们在大暑天里有喝擂茶的习俗，许多人家还会将后院晒干的乌梅制作成乌梅茶饮用。

擂者，研磨也。擂茶，就是把茶叶、芝麻、花生等原料放进擂钵里研磨后冲开水喝的养生茶饮。擂茶在中国华南六省都有分布。保留擂茶古朴习俗的地方有：湖南的桃源、临澧、安化、桃江、益阳、凤凰、常德等地，广东的海陆丰、英德、陆河、揭西、五华等地；江西的赣县、石城、兴国、于都、宁都、瑞金等地；福建的将乐、泰宁、宁化等地；广西的贺州黄姚、公会、八步等地；台湾的新竹、苗栗等地。

立秋，是二十四节气中的第十三个节气，于每年公历 8 月 7~9 日交节，是秋天的第一个节气，标志着孟秋时节的正式开始："秋"就是指暑去凉来。立秋时，北斗指向西南。从这一天起秋天开始，秋高气爽，月明风清。此后，气温由最热逐渐下降。"立秋"带来的首先是天气的变化。正如谚语所说："立秋之日凉风至""早上立了秋，晚上凉飕飕"。立秋是古时"四时八节"之一，民间有祭祀土地神，庆祝丰收的习俗。

扫码可听有声版

贴秋膘

　　北京、河北一带民间流行"贴秋膘"。伏天人们胃口差，所以不少人都会瘦一些。清朝时，民间流行在数伏这天以悬秤称人（当然大多是称小孩），将体重与立夏时对比来检验肥瘦，体重减轻叫"苦夏"。那时人们对健康的评判，每每只以胖瘦做标准。瘦了当然必要"补"，填补的办法就是到了立秋要"贴秋膘"，吃味厚的美食佳肴，当然首选吃肉，"以肉贴膘"。这一天，普通百姓家吃炖肉，讲究一点的人家吃白切肉、红焖肉以及肉馅饺子、炖鸡、炖鸭、红烧鱼等。北京人所谓"贴秋膘"有特殊的含意，即吃烤肉。

▼ 北京烤肉

北京烤肉是在"炙子"上烤的。"炙子"是一根一根铁条钉成的圆板，下面烧着大块的劈柴、松木或果木。羊肉切成薄片，由堂倌在大碗里拌好佐料——酱油、香油、料酒，大量的香菜，加一点水，交给顾客，由顾客用长筷子平摊在炙子上烤。"炙子"的铁条之间有小缝，下面的柴烟火气可以从缝隙中透上来，不但整个"炙子"受火均匀，而且使烤着的肉带柴木清香；上面的汤卤肉屑又可填入缝中，增加了烤炙的焦香。过去吃烤肉都是自己烤。因为炙子颇高，只能站着烤或一只脚踩在长凳上。大火烤着，外面的衣裳穿不住，大都脱得只穿一件衬衫。足蹬长凳，解衣磅礴，一边大口地吃肉，一边喝白酒，很有点剽悍豪霸之气。满屋子都是烤炙的肉香，这气氛就能使人增加三分胃口。平常食量，吃一斤烤肉，问题不大。吃一斤半、二斤、二斤半的，有的是。自己烤，嫩一点，焦一点，可以随意。而且烤这种烹调方式本身就是个乐趣。

立秋之时食瓜
日咬秋
可免腹泻

▲ 咬秋

咬秋

立秋除了"贴秋膘"之外，天津等地还流行"咬秋"。和"咬春"一样，人们信赖立秋时吃瓜可免除冬天和来春的腹泻。清朝张焘的《津门杂记·岁时习惯》中就有如许的记载："立秋之时食瓜，曰咬秋，可免腹泻。"清朝时人们在立秋前一天把瓜、蒸茄脯、香糯汤等放在院子里晾一晚，于立秋当日吃下，为的是消灭暑气、避免痢疾。早在唐宋时，人们立秋这天就要用井水送下 7~14 粒红小豆，而且必须面朝西站着，也是为了祈求秋天不得腹泻等症。

"啃秋"在有些地方也称为"咬秋"。天津讲究在立秋这天吃西瓜或香瓜，称"咬秋"，寓意炎炎夏日，酷热难熬，时逢立秋，将其咬住。江苏等地也在立秋这天吃西瓜以"咬秋"，据说可以不生秋痱子。在浙江等地，立秋日取西瓜和烧酒同食，民间认为可以防疟疾。城里人在立秋当日买个西瓜回家，全家围着啃，就是啃秋了。而农人的啃秋则豪放得多。他们在瓜棚里，在树荫下，三五成群，席地而坐，抱着红瓤西瓜啃，抱着绿瓤香瓜啃，抱着白生生的山芋啃，抱着金黄黄的玉米棒子啃。啃秋抒发的，实际上是一种丰收的喜悦。

摸秋

宣城一带有"摸秋"的习俗，郎溪县民风淳朴，许多人养成"瓜田不纳履，李下不整冠"的君子风度。但城乡小偷小摸不乏其人，农民种瓜果得搭棚看守，不让人偷瓜摘果。唯独立秋这一天夜晚例外，如

▲ 摸秋

有人摘瓜果则不干涉。这是从古时传下来的习俗，叫"摸秋"。摸秋不能带照明器具，只能在黑夜里用手摸，摸得到是运气，摸不到自认晦气。因为摸秋要慢慢摸，进度慢，所以常有人埋怨对方做事慢时说："看你像摸秋一样"！

在很多地方，民间都有"摸秋"的风俗。到了立秋的这一天晚上，人们悄悄结伴去别人的瓜园菜地里摸回各种瓜果、蔬菜，俗称"摸秋"。这天夜里丢了"秋"的人家，不管丢多少，也不会追究，即使发现了，也要当作没看见，甚至还有暗中帮忙"摸秋""逃跑"。据说如果在立秋夜里不丢点"秋"，那还不吉利呢。

到了立秋这天夜里，很多还没有生小孩的妇女，就会在姐妹们的陪伴下，到瓜园菜地里去摸瓜豆。传说如果能摸到南瓜，就容易生男孩；能摸到扁豆，就容易生女孩；如果能摸到白扁豆，那就更吉利了，不但能生女孩，夫妻还能白头到老，幸福一生，当然这些都是美丽的传说，没什么科学依据，但都代表了人们对美好生活的期望。

吃了立秋的渣
大人孩子不呕也不拉

▲ 立秋水

立秋水

　　如今我国各地立秋食俗也不雷同。曩昔在杭州一带流行食秋桃。立秋时大人孩子都要吃秋桃，每人一个，吃完把核留起来。等到除夕这天，把桃核丢进火炉中烧成灰烬，人们认为如此就可以免除一年的瘟疫。四川东、西部还流行喝"立秋水"，即在立秋正刻（立秋时分，很多老皇历中都标出详细时间），全家老小各饮一杯，据说可消弭积暑，秋来不闹肚子。

　　山东莱西地区则流行立秋吃"渣"，就是一种用豆沫和青菜做成的小豆腐，并有"吃了立秋的渣，大人孩子不呕也不拉"的俗语。这么多食俗大都为防痢疾，足见我国劳动人民对秋季腹泻的提防意识。

处暑，是二十四节气之第十四个节气，于每年公历 8 月 22~24 日交节。"处"是终止的意思，处暑表示炎热的酷暑结束，这时三伏已过或接近尾声。由于受短期回热天气俗称"秋老虎"影响，处暑过后仍有持续高温，会感到闷热，天气由炎热向闷热转变，真正凉爽一般要到白露前后。处暑在日常生活中的意义，就是提醒人们秋季正悄悄到来，要注意预防"秋燥"。处暑这一节气也意味着进入气象意义的秋天。处暑的民俗活动很多，如吃鸭子、放河灯、开渔节、煎药茶、拜土地公等。

扫码可听有声版

机器轰鸣
汽笛长鸣
百舸齐发

▲ 开渔节

开渔节

　　对于沿海渔民来说，处暑以后是渔业收获的时节，每年处暑期间，在浙江省沿海都要举行一年一度的隆重的开渔节，决定在东海休渔结束的那一天，举行盛大的开渔仪式，欢送渔民开船出海。自1998年浙江省象山举办了第一届中国开渔节后，每年都会举办一次。开渔节不仅有庄严肃穆的祭海仪式，还开展各种文化、旅游、经贸活动，吸引了无数海内外客商、游客前往。

　　这时海域水温依然偏高，鱼群还是会停留在海域周围，鱼虾贝类发育成熟。因此，从这一时间开始，人们往往可以享受到种类繁多的海鲜。

　　开渔节时候，原本帆樯林立、千舸锚泊的静态海面，瞬间成为机器轰鸣、汽笛长鸣、百舸齐发的活跃场景。开渔节的主要内容有千家万户挂渔灯、千舟竞发仪式、文艺晚会专场、海岛旅游、特色产品展销、地方民间文艺演出等活动。

龙眼配稀饭

　　老福州人的生活习俗是，在处暑的时候要吃龙眼配稀饭。处暑时节，也是龙眼大量上市的时候，龙眼偏温性，有益心脾、补气血、滋补养气的作用。老一辈的吃法就是剥一碗龙眼，混着稀饭一起吃。

　　除此之外，老福州在处暑吃的另一种食物就是白丸子。白丸子其实就是糯米丸，做法很简单，将糯米粉搓成一小粒一小粒，煮汤，加点糖，味道清甜，既可补充碳水化合物，又可以解夏天的口腻。

▼ 龙眼配稀饭

▲ 萝卜老鸭煲

处暑送鸭
无病各家

鸭

　　南京有一个老习俗，叫作"处暑送鸭，无病各家"。要是有老人在家的话，多半会炖上个"萝卜老鸭煲"或者来个"红烧鸭块"，并先端上一碗送给邻居，然后才是自己全家人痛痛快快地大吃一通。

　　老鸭味甘性凉，因此民间有处暑吃鸭子的传统，做法也五花八门，有白切鸭、柠檬鸭、子姜鸭、烤鸭、荷叶鸭、核桃鸭等。北京至今还保留着这一传统，一般处暑这天，北京人都会到店里去买处暑百合鸭等。

　　鸭全身都是宝。鸭肉味甘、咸、性凉，具有滋阴养胃、利水消肿的作用，适用于骨蒸劳热、小便不利、遗精、女子月经不调等。乌骨鸭药用价值更大，结核病患者可以减轻潮热、咳嗽等症。老母鸭能补虚滋阴，对久病体虚者或虚劳吐血者均有补益作用。

▲ 酸梅汤

处暑酸梅汤　火气全退光

煎药茶

　　此习俗自唐代以来已盛行。每当处暑期间，家家户户有煎凉茶的习惯，先去药店配制药方，然后在家煎茶备饮，意谓入秋要吃点"苦"，在清热、去火、消食、除肺热等方面颇有好处。

　　20世纪六七十年代，江阴市区街头专门有卖酸梅汤的茶摊，故有"处暑酸梅汤，火气全退光"的谚语。制作酸梅汤很简单，在夜间用开水冲泡晒干的梅子，再加冰糖。煮好放凉后，装进木质有盖的冰桶中，使其温度降低。喝起来酸中带甜，甜中微咸，口感甚佳。

　　处暑节气宜食清热安神类食物，如银耳、百合、莲子、蜂蜜、海带、芹菜、菠菜、糯米、芝麻。另外，果汁饮料、豆浆、牛奶等也是不错的饮品。还要少吃辛辣煎炸等热性食物。

扫码可听有声版

　　白露，是二十四节气中的第十五个节气，这个节气表示孟秋时节的结束和仲秋时节的开始，是反映自然界气温变化的重要节令。一般于公历 9 月 7~9 日交节。古人以四时配五行，秋属金，金色白，故以白形容秋露。到了白露就算是真正入秋了，白露基本结束了暑天的闷热。白露时节，天高云淡，气爽风凉，早晚的温差较大，晚上会感到一丝丝的凉意，明显地感觉到凉爽的秋天已经到来。

收清露

我国古代民间在白露节气有"收清露"的习俗，明朝李时珍的《本草纲目》上记载："秋露繁时，以盘收取，煎如饴，令人延年不饥。""百草头上秋露，未晞时收取，愈百病，止消渴，令人身轻不饥，肌肉悦泽。""百花上露，令人好颜色。"因此，收清露成为白露最特别的一种"仪式"。

古人认为秋露具肃杀之气，宜于煎制润肺杀祟的药物，亦常用露做饮料，如《楚辞》中有诗句："朝饮木兰之坠露兮，夕餐秋菊之落英。"《山海经》记述："诸沃之野，摇山之民，甘露是饮。不寿者，

秋露繁时　以盘收取
煎如饴　令人延年不饥

▼ 北海公园内的铜仙承露盘

八百岁。"汉武帝建有金铜仙人承露盘,魏时铸有擎承露盘的铜柱,都有收取清露的做法。晋代、唐代一般多用清露来润洗眼睛,而且用锦彩制成绣囊,名为眼明囊,或叫承露囊,将其作为互赠的礼物。古人认为,清露的功用往往随附着的植物的特性而异,大抵百花上的露令人养颜;柏叶、菖蒲上的露可以明目;韭叶上的清露可去白癜风等。

露水这么神奇的功效,到底有没有科学根据呢?现代医学理论中并没有相关内容。露水是空气中的水汽凝结在植物上,植物渗出的某些对人体有益的化学物质或许会融入露水,但是远远达不到能够治病的剂量。另外,由于百姓对于植物的认识不足,很可能将某些有毒植物——比如滴水观音的汁液当作露水收取,引起接触部位肿胀麻木,甚者中毒。收清露可以看作是一种娱乐性质的民俗活动,人们会附着很多美好的期望在其中。

诸沃之野　摇山之民　甘露是饮
不寿者　八百岁

十样白

浙江温州等地有过白露节的习俗。苍南、平
阳等地民间，人们于此日采集"十样白"，以煨
乌骨白毛鸡或鸭子，据说吃了这样做出来的食
物，可以滋补身体，使人不会得关节炎。

谚语说"过了白露节，夜寒日里热"便是说
白露时白天夜里的温差很大。白露为典型的秋季
气候，容易出现口干、唇干、鼻干、咽干及大便
干结、皮肤干裂等症状。预防秋燥的方法很多，
可选用一些宣肺化痰、滋阴益气的中药等，对缓
解秋燥多有良效。对普通大众来说，简单实用的
药膳、食疗似乎更容易接受。

过了白露节　夜寒日里热

▼ 十样白炖番鸭

温州瑞安、平阳和苍南等地民间，人们于白露这天采集"十样白"来煨鸭子，据说食后可滋补身体，去风气（关节炎）。浙南瑞安、平阳民间的"十样白"是10种带"白"字的草药。关于"十样白"是哪"十样"？有两个版本，一说是药店里常见的白茯苓、白百合、白扁豆、白山药、白芍、白莲、白芨、白茅根、白术、白晒参等，一说是温州山里常见的毛乌口树（白过冬青）、楤木（白百鸟不歇），五加（白路刺）、扶芳藤（白对叶肾）、紫茉莉（白胭脂）、昆明鸡血藤（白皮血藤）、单叶铁线莲（白雪里开）、白杨梅树根、牛膝（白土牛膝）和白花杜鹃根等。但不管是哪个版本，"十样白"都是十种名字带"白"字的草药，与"白露"字面上相应。当地群众在白露时节或入冬后采集这"十样白"，配鸭炖服，据说可治腰肌劳损、白带，对风湿性关节炎也有一定缓解作用。

平阳县怀溪镇四面环山溪流交错。这里饮山泉、扒虫子长大的放养番鸭非常有名，饲养环境、饲养方法和烹调方法都很独特。十样白炖番鸭这道菜，鸭子是要现杀的，先炒后煮，其中的关键是用柴火烧和控制火候和时间；用的配料是农家酿造的红曲酒和嫩姜。把握这些细节关键，才成就了鸭肉有嚼头，纤维细致，鸭汤浓郁中带着清甜的怀溪番鸭。

南京人在白露这天用餐时，同样讲究"十样白"，只不过是菜中都含有"白"的元素。"水八仙"中多数都带"白"：茭白领头，茨菇、莲藕同为白色，还有荸荠肉、菱角肉、鸡头米，亦皆为白色。荤菜有白鱼、白鳝、白斩鸡等。蔬菜就更多了，白萝卜、大白菜、白蘑菇都可以。所有这些，可以分门别类烹制成多样美食，也可以多样"白"相聚合做一盆大菜。实在不行，来一个"白果炖豆腐"，白果音同"百果"，就算一百种"白"了。

白露酒

　　江南一带有自酿白露米酒的
习俗。旧时苏浙一带乡下人家每
年白露一到，家家酿酒。白露酒
的主要原料就是一些糯米、高粱
等五谷杂粮，这种酒的性质温
和，非常适合在秋天喝。每当家
里来客人的时候，人们经常会用
白露酒来招待客人。

▲ 白露米酒

　　喝一口白露酒，是一件美事。白露酒，就是江南人口中的"酒
酿"。在古时，江苏浙江一带乡间，每年白露一到，家家皆用谷物酿
酒，用以待客。除此之外，白露酒还有寄乡思之意。外出的游子，每
每行李中便有一壶乡酒，想家的时候，把酒壶取出，温热，炒点下酒
菜，美美地闷几口，思乡的愁绪随即浓郁。提前酿下的酒酿，在开坛
的瞬间，酒酿那独特的香味扑面而来，浓郁醇香。看着圆圆的米粒漂
浮在清澈透明的酒面上，不禁让人食欲大增，恨不得立刻感受那颊齿
留香之感。

　　湖南一带也有在白露喝米酒的风俗。每年白露节，家家户户都以
称为"土酒"的白露米酒待客，甘甜温热，最适秋天。糯米酿制成的
米酒甘甜芳醇，是酒精含量不高的养生之品。糯米酒能促进胃液分
泌，增进食欲，帮助消化，还能够促进血液循环，对于高血脂、动脉
粥样硬化有一定功效。对于经络不通的人来说，糯米酒还有通经活络
的作用。不妨亲自酿一瓶来过白露。

湖南资兴的兴宁、三都、蓼江一带历来有酿酒习俗。每年白露节一到，家家酿酒，待客接人必喝"土酒"。其酒温中含热，略带甜味，称"白露米酒"。白露米酒中的精品是"程酒"，是因取程江水酿制而得名。程酒，古为贡酒，盛名久远。

《水经注》记载："郴县有渌水，出县东侯公山西北，流而南屈注于耒，谓之程水溪，郡置酒馆酝于山下，名曰'程酒'，献同也。"

渌酒均系传世美酒。《晋书·武帝纪》云："荐渌于太庙"，可见程酒当与渌媲美。《九域志》亦云："程水在今郴州兴宁县，其源自程乡来也，此水造酒，自名'程酒'，与酒别。"程乡即今三都、蓼江一带。资兴从南宋到民国初年称兴宁，故有郴州兴宁县之说。

白露米酒的酿制除取水、选定节气颇有讲究外，方法也相当独特。先酿制白酒（俗称"土烧"）与糯米糟酒，再按 1:3 的比例，将白酒倒入糟酒里，装坛待喝。如制程酒，须掺入适量糁子水（糁子加水熬制），然后入坛密封，埋入地下或者窖藏，亦有埋入鲜牛栏淤中的，待数年乃至几十年才取出饮用。埋藏几十年的程酒色呈褐红，斟之现丝，易于入口，清香扑鼻，且后劲极强。清光绪元年（1875 年）纂修的《兴宁县志》云："色碧味醇，愈久愈香""酿可千日，至家而醉"。

《水经注》还记载，南朝梁文学家任与友刘杳闲谈，"任谓刘杳曰：'酒有千里，当是虚言？'杳曰：'桂阳程乡有千里酒，饮之至家而醒，亦其例也。'"南朝梁时，兴宁隶属于桂阳郡。现在程酒一般喝不到，要逢婚嫁喜庆或者款待贵宾，主人才肯拿出来喝。

▲ 广西柳城茶农采摘白露茶

白露茶

　　白露茶是白露时节采摘的茶叶，茶树经过夏季的酷热，到了白露前后又会进入生长佳期。白露茶不像春茶那样娇嫩、不经泡，也不像夏茶那样干涩、味苦，而是有一股独特的甘醇味道。所以，老茶客们特别喜欢。一般八月份，白露节气之前采摘的茶叶叫早秋茶；从白露之后到十月上旬，采摘的茶叶叫晚秋茶。相比早秋茶，晚秋茶的味道更好一点。如果说春茶喝的是那股清新的香气，淡淡的青草味，那么晚秋茶喝的则是一种浓郁的、醇厚的味道。经过了一夏的煎熬，茶叶也仿佛在时间中熬出了最浓烈的品性。

　　老南京人都十分青睐"白露茶"，此时的茶树经过夏季的酷热，白露前后正是它生长的极好时期。这时的茶叶有一种独特的甘醇清香味，积攒着香醇和清苦，喝起来令人肺气肃降。一些喜欢喝茶的人都对白露茶十分喜爱。老南京人爱喝的正是白露茶。南京江宁区盛产绿茶，白露前后农人把茶叶采下，单芽无叶谓之龙针，一芽一叶谓之龙毫，制成的白露茶香气高长，入口甘醇。喝白露茶的传统沿袭下来的不多，现在的年轻人对它已经知之甚少了。

▲ 白露枣

龙眼·石榴·鳗鱼·红薯·枣

　　福州有个传统叫作"白露必吃龙眼"的说法。民间的意思为，在白露这一天吃龙眼有大补身体的奇效。白露节气时的龙眼，个个核小味甜口感好，所以这个时候吃龙眼是再合适不过的了。除此之外，龙眼还有多种美容养颜的功效，对人的身体十分有好处。

　　白露节气老苏州会吃些石榴、白果、梨等，以此养阴润肺。还会吃些鳗鱼（鳗鲡），这时鳗鱼最为肥美，是品尝的最佳时节，因此苏州有"白露鳗鲡霜降蟹"之说。在瓯江口外的温州洞头岛，照例要吃鲜鳗鱼熬白萝卜，鳗鱼营养丰富，而白萝卜有"消谷和中，去邪热气"的作用，二者同煮，相得益彰。

温州文成县认为白露吃番薯可使全年吃番薯丝和番薯饭后，不会发胃酸，并且认为白露吃番薯可以多生孩子，故旧时农家在白露节以吃番薯为习。红薯是我们在生活中经常吃到的一种食材，有增强肠道蠕动，通便排毒的功效。多吃一些红薯还能减少得肠癌的可能性。

农谚有"白露打枣，秋分卸梨"之说。白露时节，山东、山西、陕西、河南和新疆等地的枣都争相挂果。用当代著名作家路遥的话描述陕西省黄原地区白露时节的枣，便是"在黄叶绿叶间像玛瑙似的闪耀着红艳艳的光亮"。将枣子打下，除了当鲜果吃之外，还可以晒成果干，让甜蜜在阳光的帮助下凝聚。白露前后农家开始收枣，大多数时候都是用竹竿打枣，只是用力要轻，以减轻对枣树的伤害，否则来年枣树产量就堪忧了。新鲜的枣含有大量的维生素 C，被称为天然维生素 C 丸。白露吃枣正当时。

在黄叶绿叶间
像玛瑙似的闪耀着红艳艳的光亮

扫码可听有声版

　　秋分，是二十四节气中的第十六个节气。西汉学者董仲舒在《春秋繁露·阴阳出入上下篇》中说："秋分者，阴阳相半也，故昼夜均而寒暑平。"秋分这天太阳到达黄经180°（秋分点），几乎直射地球赤道，全球各地昼夜等长（不考虑大气对太阳光的折射与晨昏蒙影）。一般于公历9月22~24日交节。秋分之后，北半球各地昼短夜长，南半球各地昼长夜短。"秋分"中的"分"为"半"之意。"分"示昼夜平分之意，同春分一样，此日太阳直射地球赤道，昼夜平分。

　　古有"春祭日，秋祭月"之说，秋分曾是传统的"祭月节"。现在的中秋节则是由传统的"祭月节"演变而来。2018年6月21日，国务院关于同意设立"中国农民丰收节"的批复发布，自2018年起，将每年农历秋分设立为"中国农民丰收节"。

▲ 竖鸡蛋

竖鸡蛋

"秋分到，蛋儿俏"。在每年的春分或秋分这一天，我国很多地方都会有数以千万计的人在做"竖蛋"试验。选择一个"身量匀称"的新鲜鸡蛋，轻手轻脚地竖放在桌上，失败者虽然多，成功者也不少，竖立起来的蛋儿好不风光。

为什么春分或秋分这天鸡蛋容易竖起来？不同的人给出了不同的说法。有人认为，春分、秋分是南北半球昼夜等长的日子，地球地轴与公转轨道平面处于一种力的相对平衡状态，鸡蛋较容易竖立，也有人说，春秋分时节天气晴朗，人的心情舒畅、思维敏捷、动作也麻利，有利于"竖蛋"成功。

鸡蛋确实是可以竖立的，且并不仅限于春分、秋分时节。春分、秋分这两天，地球在太阳系的位置并没有什么特别的，"竖蛋"成功的关键在蛋壳上面。鸡蛋表面高低不平，有许多突起的"小山"。根据三点构成一个三角形以及三点决定一个平面的原理，只要找到三个"小山"和由这三个"小山"构成的三角形，并使鸡蛋的重心线通过三角形，那么鸡蛋就能竖立起来了。另外，最好选择生下四五天的鸡蛋，因为此时鸡蛋的蛋黄下沉，鸡蛋重心下降，最有利于"竖蛋"。

吃秋菜

在岭南地区，广东开平苍城镇的谢姓，有个不成节的习俗，叫作"秋分吃秋菜"。"秋菜"是一种野苋菜，乡人称之为"秋碧蒿"。逢秋分那天，全村人都去采摘秋菜。在田野中搜寻时，多见是嫩绿的，细细棵，约有巴掌那样长短。采回的秋菜一般与鱼片"滚汤"，名曰"秋汤"。有顺口溜道："秋汤灌肠，洗涤肝肠。阖家老少，平安健康。"一年自秋，人们祈求的还是家宅安宁，身壮力健。

野苋菜含有多种营养成分。丰富的胡萝卜素、维生素 C 有助于增强人体免疫功能，提高人体抗癌作用。炒野苋菜具有清热解毒、利尿、止痛、明目的功效，食之可增强抗病、防病能力，健康少病，润肤美容。适用于痢疾、目赤、雀盲、乳痈、痔疮等病症。

▲秋分芋饼

吃芋饼

　　老北京还有秋分吃芋饼的习惯，因为芋头这种高热量食品温软易消化，适宜秋天食用。芋头的营养价值很高，块茎中的淀粉含量达70%，既可当粮食，又可做蔬菜，是老幼皆宜的滋补品，秋补素食一宝。芋头还富含蛋白质、钙、磷、铁、钾、镁、钠、胡萝卜素、烟酸、维生素 C、维生素 B1、维生素 B2、皂角甙等多种营养成分。

　　素以糕点闻名的京城中华老字号——北京稻香村，每年秋分时节都要推出以当季芋头为馅料的"秋分芋饼"，这款"秋分芋饼"是北京稻香村二十四节气食品中唯一的"立酥"产品，因一层层酥皮像盛开的花瓣而得名，并选用优质香芋制馅，皮酥馅香，营养丰富。

吃面雀

苏州在秋分日有做面雀、吃面雀的习俗。

"面雀"是将糯米粉揉成面团，揉成合适的形状后，放入小鸟模具中，将面团做成小鸟的样子。按紧实后再用牙签慢慢挑出，雀鸟胖胖的身体完美地呈现出来。再用含有蓝色食用色素的面团做出了雀鸟的眼睛和翅膀，粘到雀鸟身体上，这样一只丰满的立体动态的面雀就做好了。

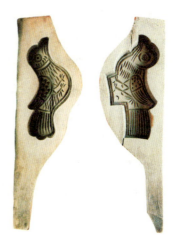

▲ 面雀模糕板

古时候，秋分时节意味着稻谷快要成熟，马上就要到秋季大丰收的时候了，秋收、秋耕、秋种的"三秋"大忙显得格外紧张。这个时候，会有许多小鸟去稻田里偷食稻谷。人们就用糯米粉做成团子，用竹签串成一串扔到田里去，小鸟吃了面雀嘴巴就会被粘住，这样就不能去祸害庄稼了。有些讲究的人，还会用一些鸟类的模具做出不同形状的面雀来，只是现在这些模具都已经失传了，而秋分做面雀吃面雀这个民俗也渐渐地不为人知了。

以前的面雀是给小鸟吃的，现在这些面雀都成为餐桌上的点心了。这些面团都是用炒熟的糯米粉加入适量的糖、猪油和开水揉制而成的，非常软糯，可以直接食用。

投壶

投壶是古代秋分节气期间宾主宴饮时盛行的游戏。方法是：设一壶，使宾主依次向壶内投矢，胜者倒酒给败者喝，大致与乡射相同。不同的是，投壶用手掷，不是以弓射。投掷的是标而不是箭，命中的是壶而不是靶。中国古代的投壶活动富于情趣，又讲究极多。宾客按照顺序持箭投壶，决出胜负后，负者便责无旁贷地按规定饮酒，而且决不苟且。饮酒时，一旁助阵的乐工还要兴致高昂地齐奏古乐《狸首》，场景极为热烈。饮酒的人要恭恭敬敬，跪奉酒杯，而后一饮而尽，称为赐灌。投壶赢者也要郑重其事地跪在一边，称为敬养。

投壶技巧娴熟的，往往心手相应。汉武帝时，宫中流行投壶，因为有一个无人匹敌的投壶怪杰，武帝引为自得，几乎每宴必定投壶。这位

善于投壶　竟能紧闭双目投矢入壶
令人拍案称奇

▼ 汉代南阳画像石投壶图

怪杰便是和东方朔齐名的戏谑之臣郭舍人。郭舍人比所有的投壶者技高一筹：一般人投矢入壶，为使矢不致反弹出来，壶中都得实以小豆；郭舍人则不同，他不仅能准确地投矢入壶，还能让竹矢落入壶中再反弹回到手中，而且百投百返，没有一次落空。武帝对郭舍人的这种儒雅和技艺极为赞赏，每次宫廷宴会，武帝便命郭舍人代他投壶，郭舍人每次必胜，武帝就厚赐金帛。晋人孙盛《晋阳秋》记载，丹阳县尹王胡之"善于投壶，竟能紧闭双目投矢入壶，令人拍案称奇"；南北朝时的汝南周璜、会稽贺徽也是一代投壶高手，他们能一箭四十余骁。贺徽还在壶前设障，隔障投壶，十拿九稳；《晋书》记载石崇有一个家妓，能隔着屏风投壶，且百发百中。

投壶的花样繁多，其名称种类有春睡、听琴、倒擂、卷帘、雁衔、芦翻、蝴蜂等项，三十余种。明代西北各省，一般又有天壶，高八尺有余，宾主都坐在地上，仰面投掷。宋代吕大临的《礼记传》中记载："投壶，射之细也。燕饮有射以乐宾，以习容而讲艺也。或庭之修广，不足以张侯置鹄；宾客之众，不足以备弓比藕，则用是礼也。虽弧矢之事不能行，而比礼比乐，志正体直，所以观德者犹在，此先王所以不废也。"

南阳汉画像石《投壶图》是一方价值很高的石刻：画面中置一壶，旁有一酒樽，上放一勺。壶左右各一人，全神贯注，执矢投壶。右边一人似为司射。左边一人，已酩酊大醉，被侍者搀扶离席。

宋代以后，投壶游戏逐渐衰落下去，不再像汉唐那样盛行，仅断续地在士大夫中进行。宴饮时少了一种有趣的游戏也是一种缺憾吧。

祭月节

自古以来，秋分就是传统的"祭月节"。据史书记载，早在周朝，古代皇帝就有春分祭日、夏至祭地、秋分祭月、冬至祭天的习俗。其祭祀的场所叫作日坛、月坛、天坛、地坛，分设在东西南北四个方向。北京的月坛就是明清皇帝祭月的处所。《礼记》载："天子春朝日，秋夕月。朝日之朝，夕月之夕。"这里的夕月之夕，指的正是夜晚祭拜月亮。《宋史》上说："秋分之时，昼夜平分，太阳当午而阴魄已生，遂行夕拜之祭。"

天子春朝日　秋夕月
朝日之朝　夕月之夕

▼ 月饼

以前，秋分节气是传统的"祭月节"。古时只有秋分的活动，却没有中秋节。如今，秋分"祭月节"已演化为中秋节了。据考证，最初"祭月节"是定在"秋分"这一天，但由于秋分在农历八月里并且不是固定的，因而这一天也就不一定都有圆月。祭月节的主角是月亮，如果没有圆月亮，节日也就失去了意义。所以，为避免祭月节无明月的尴尬状况，渐渐地人们就把"祭月节"由"秋分"改在了中秋。中秋之时，正是满月之期，如果天气状况良好，总能看到夜空中挂着一轮明月，赏月情趣自然大增。

　　前面说到，秋分是每年公历的 9 月 22 至 24 日，以 23 日最多、24 日次之、22 日最少。而中秋节一般在 9 月 8 日到 10 月 8 日，和秋分最多可相差 16 天。2018 年的 9 月 23 日是秋分，24 日是中秋，已经是距现在很近的了。至于秋分当天就是中秋节的年份，上一次还是在 1942 年 9 月 24 日，下一次要等到 2048 年 9 月 22 日，中间相隔一百多年。

　　现在，中秋是中国人第二重要的传统节日，人们在中秋节吃月饼，有月圆、团圆的象征意义，其肇始还是在秋分。

秋分之时　昼夜平分
太阳当午而阴魄已生　遂行夕拜之祭

寒露

寒露，是二十四节气中的第十七个节气，于每年公历 10 月 7~9 日交节。从气候特点上看，寒露时节，北方广大地区均已进入秋季，东北进入深秋，西北一些地区已进入或即将进入冬季。南方也秋意渐浓。《月令七十二候集解》说："九月节，露气寒冷，将凝结也。"寒露的意思是气温比白露时更低，地面的露水更冷，快要凝结成霜了。白露、寒露、霜降三个节气，都表示水汽凝结现象，而寒露是第一个带"寒"字的节气，是气候从凉爽到寒冷的过渡。

扫码可听有声版

蛤蜊

　　《逸周书·时训》有："寒露之日，鸿雁来宾。又五日，雀入大水化为蛤……"关于"雀入大水化为蛤"，说的是寒露季节，天上飞的雀鸟都不见了，落入大海化成了蛤蜊。贝壳的条纹及颜色与雀鸟很相似，所以便以为是雀鸟变成的。而寒露季节的海边，秋蛤蜊最为肥美鲜香，数量也出奇得多。

　　寒露之日，如果正逢潮水退去，青岛人喜欢扎堆拿着水桶、小铲子在海滩上挖寻蛤蜊，被称为"赶小海"。青岛人称蛤蜊为"嘎啦"。旅游者到青岛，"哈（喝）啤酒，吃嘎啦（蛤蜊）"成为寻访青岛美食的不二标配。青岛人对蛤蜊的喜爱，到了久吃不厌、逢吃必点的程度。

　　青岛人特别喜欢蛤蜊，有其特定的历史渊源，一是获得方便，不用花钱，可以饱腹。过去青岛沿海盛产此类小海贝，随潮汐赶海就可以挖很多。那个年代只要肯吃苦下海，就能挖很多，有力气就能养活一家人。二是蛤蜊特别的鲜美滑嫩，其汤也可以做成更多的美肴。来了亲朋好友，提前到海里挖一盆，跑一跑（海水浸泡）煮一锅，炒一盆，大蒜拌嘎啦肉一盘，嘎啦肉煎鸡蛋一盘，亲友们会更高兴。

蛤蜊疙瘩汤是青岛最普通的家常一味，家家会做，大小餐馆都有。浓浓白白的自然色，像牛奶似的，鲜美又嫩滑，回味无穷。天越凉蛤蜊越肥美，肉质饱满，属最物美价廉的小海鲜，再搭配面疙瘩的自然香甜，吃过一次，就会明白为啥有人赞它为岛城第一鲜了。制作蛤蜊疙瘩汤，打疙瘩是做这道汤的重头戏。蛤蜊疙瘩汤要鲜，最好添加蛤蜊的原汤，疙瘩汤熬好后，加入蛤蜊肉煮一小会就可出锅，撒上把香菜或是小葱，既增加美感，又可提鲜。

寒露之日　鸿雁来宾
又五日　雀入大水化为蛤

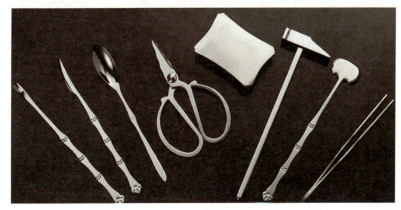

螃蟹

江南地区寒露有吃螃蟹的习俗。俗话说："寒露发脚，霜降捉着，西风响，蟹脚痒"，天一冷螃蟹的味道就要"正"了。"九月团脐，十月尖"，眼下雌蟹卵满、黄膏丰腴，正是吃母蟹的最佳季节，等农历十月以后，最好吃的则要轮到公蟹了。

想必最早吃螃蟹的人，只是饿得没有办法，江河湖海里有啥吃啥，没有太多讲究。后来因为苏轼、李渔等文人雅士推波助澜，吃蟹成了风雅之事，甚而演变出一套规矩，到"蟹八件"的出现算是登峰造极。一只小小的大闸蟹，竟需要用手术刀般的刀剪斧凿来应付，可见人类对螃蟹的

寒露发脚　霜降捉着

西风响　蟹脚痒

重视了。

　　蟹如何吃法？当然苏州老吃客最有发言权了。弹词名家徐云志以吃得讲究出名，他的儿媳妇兼演出搭档王鹰在回忆录中这样写道："老徐喜欢喝黄酒，家里存着整瓮的陈年花雕，吴爱珠（徐云志的夫人）放好碗碟、调料，热好老酒斟上，放上吃蟹工具'蟹八件'……老徐卷起衣袖，用小钎撬出蟹兜，用小剪去掉蟹和尚酥衣，用小锤锤蟹脚蟹螯，用小锄扒，用小钩刮，把白似玉、黄似金的蟹肉蟹黄一起捋到蟹兜里，放入调料，完成准备工作。然后举起酒杯一饮而尽，他搅和好蟹兜里的东西，放到嘴里，只听得一片喝五喝六的吮吸声，满兜美物尽入腹中。老徐摘朵菊花擦手，心满意足地说：'美味哉蟹也，此物可称百味之首，美肴之王'……"

美味哉蟹也　此物可称百味之首　美肴之王

▲ 芝麻烧饼

气味和平
不寒不热
益脾胃
补肝肾之佳谷也

芝麻

寒露到，天气由凉爽转向寒冷。这时人们应养阴防燥、润肺益胃。于是，民间就有了"寒露吃芝麻"的习俗。在北京，与芝麻有关的食品都成了寒露前后的热门货，如芝麻酥、芝麻绿豆糕、芝麻烧饼等。

芝麻分为白芝麻、黑芝麻。食用以白芝麻为好，药用以黑芝麻为好。白芝麻通常称为"芝麻"，而"黑芝麻"的"黑"字是不能省略的，也不是多余的。

芝麻"气味和平，不寒不热，益脾胃、补肝肾之佳谷也"（《本草经疏》），对肝肾不足、虚风眩晕、风痹瘫痪、大便秘结、须发早白、妇人乳少、病后虚羸等病证均有确切的治疗作用。

黑芝麻为胡麻科脂麻的黑色种子，是我国传统中药，最开始记载于《神农本草经》："补五脏，益气力，长肌肉，填脑髓。久服轻身不老。"

芝麻养阴润燥，有助于缓解津液不足造成的便秘。芝麻磨粉泡茶或煮粥均可。但已有发炎情形，如牙痛、肠胃炎或腹泻的人不适合多吃。

腌鱼

　　贵州、湘西的侗族人民有寒露制腌鱼的习俗。据说在这天用米酒、食盐、糯米饭、辣椒面、花椒粉、姜丝等作料腌制的鱼味道特别好。

　　侗族腌鱼的食材是禾花鱼。禾花鱼是在种稻的水田里养的鱼，多以鲤鱼为主。春天放养在稻田里的鱼苗，到寒露已经长大。

　　腌鱼是侗族特有的地方性代表风味美食，其主要以禾花鱼为原料腌制而成。其纯香肉脆、味酸回甜，是侗族最具特色的风味食品。这种腌鱼，风味独特，由咸、麻、辛、辣、酸、甜六味组成，吃起来骨酥肉

▼ 侗族腌鱼

软，鲜嫩可口，味极鲜美香郁，营养丰富。侗乡腌鱼据传有着1100多年的历史。腌鱼代表着侗族人民热情好客的品性，同时也是家境富裕的一种象征。

用生态禾花鱼腌制腌鱼传统上有一套流程。比如，制作腌鱼要在晚上，需要净身点灯表示对鱼神的尊敬。还有第一次开坛的时候要净手、焚香、祭祖，之后才能吃。虽然现在村里人对待腌鱼没有那么隆重烦琐的仪式，但腌鱼的各种神秘传说仍旧依稀可见其历史的辉煌存在。

侗族人民制作腌鱼的方法独树一帜。首先，将鲤鱼洗净剖好，但不去鳞，从背部剖开，除去内脏，并抹以食盐，再把糯米饭、辣椒粉、花椒、生姜、大蒜、甜酒糟等拌成的腌糟，填入鱼腹。准备好这些原料，然后在腌桶或腌缸里铺一层腌糟，铺一层鱼，层层相叠。装满后用丝瓜瓤先盖一层，再用芭蕉叶或其他布制品裹紧，压上几块鹅卵石，最后将桶口或缸口密封，数月之后就可食用了。这样做成的腌鱼会带有甜味。其能够存放的时间很长，甚至存放数年不变质。

别具风味的侗家腌鱼，吃鱼关键在于吃法。吃法多种多样，可以生吃，亦可烘烤油炸，不同吃法有不同味觉感受。

番禺九层糕

寒露吃糕和重阳节有关。

寒露是每年公历的 10 月 7~9 日，以 8 日最多。而重阳节一般在公历 10 月期间。2019 年 10 月 7 日是重阳节，8 日是寒露，这已经是距现在很近的

▲ 番禺九层糕

了。寒露当天就是重阳节的年份，上一次还是在 1989 年 10 月 8 日，下一次要等到 2027 年 10 月 8 日。20 世纪的 1921 年、1932 年、1951 年、1989 年共 4 个年份寒露、重阳重日，21 世纪的 2027 年、2046 年、2065 年共 3 个年份寒露、重阳同一天。按中国传统的说法，寒露的特点是阴气上升、阳气下降；而重阳是两阳数相重，阳数也由此由盛转衰。古代认为重阳已是登峰造极，也转而为阴，那么就要用"登高"等向上的事物来趋吉避凶。"糕"与"高"谐音，也是取吉利之意。

番禺九层糕是番禺有名的风味糕点之一，也是重阳必吃的点心。它是一种甜米糕，做工讲究。一个糕点有九层，每一层有不同的颜色、味道，而且寓意"长长久久，步步高升"。以前，民间用白米浸透，用石磨磨成水粉，搅拌成浆，加入糖水，用铜盘放一层薄水粉，加热蒸熟，然后逐层加粉至九层。据说早在五代十国时期，类似糕点就已经出现，清朝乾隆年间传到广州。后来，经过番禺的厨师加以改进，采用荸荠（马蹄）粉制作粉浆，并添加各种甜味料，一层一层地蒸制，共九层，九层糕层次分明、晶莹剔透、口感嫩、滑，味道丰富，每一层都有不同的风味，故称"番禺九层糕"。

寒露茶

秋天是收获的季节，也是采摘茶叶的最佳天气，秋高气爽，好茶辈出，在寒露前后的茶叶，味道更香，茶水喝起来比较顺滑。在寒露节气前后采摘制作而成的茶叶，一般称之为"寒露茶"。

为什么老茶客都钟爱福鼎白茶的寒露茶呢？到底好在哪里？

寒露季节是白茶树生长缓慢期。在福建福鼎，天气转凉，夜间水汽在茶树上凝结成露，此时采摘的"寒露茶"有一种独特的甘醇清香味。经常喝白茶的茶友都知道，寒露茶算是秋茶里品质较好的，在其粗犷的内里却是细腻绵柔的甜，兼之花果香要比春茶更加馥郁，所以对于福鼎的茶农来说，寒露时节的茶青比清明前后的茶青更具价值。而茶友们常说的春水秋香，在白茶上也极为适用，主要还是因为茶树经过一个夏天酷热的洗礼，到了寒露季节。昼夜温差使得茶树的内质更加的甜，花果香清晰，所以寒露茶深得老茶客们的喜爱。

人说"一年之茶在于秋"，在这秋意渐浓的天气里，闲下来时捧一杯热茶，暖身又暖心，而寒露节气就该喝一杯寒露茶。寒露时节，天气转凉，泡上一杯寒露茶，香气高扬，韵味悠长，秋天的燥气随茶水消退，轻啜一口便知秋意浓。

霜降

霜降，是二十四节气的第十八个节气，每年公历 10 月 23 日或 24 日交节。天气渐寒始于霜降，霜降是秋季的最后一个节气，是反映气温变化的节气，是秋季到冬季的过渡，意味着即将进入冬天。俗话说"霜降杀百草"，霜降过后，植物渐渐失去生机，大地一片萧索。霜降不是表示"降霜"，而是表示天气渐冷；冻则有霜，大地因冷冻或将会产生初霜的现象。霜降节气后，深秋景象明显，冷空气越来越频繁。

扫码可听有声版

吃迎霜麻辣兔
饮菊花酒

▲ 野兔

迎霜兔

　　明清时期，老北京在霜降时节要吃迎霜兔。明，刘若愚《酌中志·饮食好尚纪略》："九日重阳节，驾幸万岁山，或兔儿山、旋磨山登高，吃迎霜麻辣兔，饮菊花酒。"

　　《日下旧闻考·风俗三》："重阳前后设宴相邀，谓之迎霜宴。席间食兔，谓之迎霜兔。"

　　迎霜兔实际上就是野兔，因为重阳节前后正是上霜时节而得名。据说重阳节食迎霜兔能祛病祈福，令人延年益寿，这还与古人认为兔子长寿的观念有关。

　　为何这节气里要特别吃兔子，而且还要特别蘸鹿舌酱一起吃？这种民俗，恐怕和清入关以后皇上爱好打猎有关。皇上到关外的木兰围场打猎，一般旗人到京城的西山。于是，野味便成为此时最佳选择。兔子应霜降之日，美名曰迎霜兔。鹿舌酱大概是皇家的特色，一般人只能吃麻辣酱。可以说，这是旗人之俗，以后演变为老北京人的一种时令吃食。现在北京稻香村在霜降日还专门卖熏兔肉，也叫迎霜兔，让人能多少回味一点儿前朝风情，一般人对这样的传统，已经陌生得有些遥远了。

柿子

民谚有"立秋核桃白露梨，寒露柿子红了皮。"软糯的柿子等到秋天才成熟，果味甘涩、性寒，入肺、脾、胃，清热润肺。其所含的维生素及糖分要高出一般水果一到两倍。可以养肺护胃，清除燥火，经常食用能够补虚、止咳、利肠、除热。

柿子树还有一个应景的美名——凌霜侯。身在村野，无知无识的草木，还能拜将封侯？明人赵善政在他撰写的史料笔记《宾退录》中记载了它的来由：明太祖朱元璋幼时贫寒，流落到一处村庄，人烟寥落，饥肠辘辘。正徘徊间，见一堵残墙边有棵柿树，红果累累，诱人极了，他饱餐

▼ 柿子糊塌

一顿，恢复了体力。数年后，他带领起义军攻取采石、太平两地，又再次途经此村，柿树犹在。朱元璋感慨万千，解下身上的红色战袍为柿树披上，封其为"凌霜侯"。也许正是这棵柿树，把朱元璋变成民间流传的"植树皇帝"。他下令让安徽凤阳并滁县等地百姓，每户种两棵柿树，凡私自砍伐柿树者，从严论处。此后，安徽等地广种柿树。

"霜降不摘柿，硬柿变软柿"。陕西富平有火晶柿子，红如火，亮如晶，肉质细密，且无硬核。吃一想二，饱一人思全家。但季节有限，又不易带，遂柿子糊塌应运而生。

柿子糊塌是以陕西关中地区的特产柿子作主料，与面粉合烹而成的一种风味小吃。其主要风味特点为外皮酥脆、内瓤绵软、香甜适口。

霜降节时秋高气爽，是收获柿子的季节。泉州、漳州、安溪产柿子很多，除大量加工成柿饼外，鲜吃的也很多。尤其是霜降节这天，几乎人人都吃柿子。厦门人说，这天吃柿子，面色红润；泉州人说，这天吃柿子，冬天不会流鼻涕。这一食俗至今仍存在。

空腹食柿子易患胃柿石症，所以最好饭后食用，尽量少食柿皮。同时也要控制食量，不宜同食含纤维素较多的蔬菜等食物，患有慢性胃炎者、消化不良等胃功能低下者、胃大部切除和糖尿病人不宜食用。

霜降不摘柿　硬柿变软柿

萝卜

山东农谚："处暑高粱，白露谷，霜降到了拔萝卜。""秋后萝卜赛人参。"萝卜是种家常菜，也被认为是秋冬的看家菜之一。生吃，凉拌着吃，做成热菜、汤饮、粥品、主食，甚至还能做成药膳。白萝卜皮白而不透者肉味偏辣，只能熟吃；皮色透明，肉不辣而甜者，可以生吃。生吃白萝卜一是下气，解腹胀之围；二是白萝卜入肺，肺应秋季，白萝卜可以加强肺的"肃降"功能，既止咳，又促大肠运动，"肺与大肠相表里"。

在山东地区，有句农谚"处暑高粱，白露谷，霜降到了拔萝卜"，所以山东人霜降喜食萝卜。农谚有"霜降萝卜"一说，是指霜降以后早晚温差大，露地萝卜不及时收获将出现冻皮等情况，影响萝卜品质和收成。白萝卜是一种营养价值较高、价格便宜的植物性食物，民间自古就流传着"冬吃萝卜夏吃姜，不劳医生开处方"之谚语，现代也有人称萝卜为"土人参"。白萝卜还有增进食欲、帮助消化、止咳化痰、除燥生津的作用，此外白萝卜还有抗病毒、抗癌的作用。

冬吃萝卜夏吃姜　不劳医生开处方

▲ 闽南姜菜鸭

一年补通通
不如补霜降

鸭子

　　闽南台湾的民间在霜降的这一天，要进食补品，也就是我们北方常说的"贴秋膘"。在闽南有一句谚语，"一年补通通，不如补霜降"。这句小小的谚语就充分表达出闽台民间对霜降这一节气的重视。因此，每到霜降时节，闽台地区的鸭子就会卖得非常火爆，有时还会出现脱销、供不应求的情况。乐得卖鸭子的老板们嘴都合不拢了，看来他们也必定会过一个开开心心的霜降节气了。

　　鸭可谓餐桌上的上乘肴馔，也是人们进补的优良食品。尤其当年新鸭养到秋季，肉质壮嫩肥美，营养丰富，能及时补充人体必需的蛋白质、维生素和矿物质。同时鸭肉性寒凉，特别适合体热上火者食用，所以秋季润燥首选吃鸭。

　　鸭子不但浑身都是宝，更是全身皆美味，除了有著名的北京烤鸭、南京盐水鸭、杭州老鸭煲等各地招牌美食之外，还有鸭血粉丝汤、毛血旺、香辣鸭脖等特色小吃。即便是一碗清火老鸭汤，也能让人既饱了口福又滋润了身体。

牛肉

霜降牛肉节，在广东省佛冈县汤塘镇四九村已有几百年历史。四九村村民在霜降时节吃牛肉的习俗已有数百年的历史。相传，明朝年间，汤塘镇四九菱塘村有一个五口之家，丈夫黄松，妻子邓莲，育有两

▲ 佛冈牛肉节

儿一女。有一年，妻子邓莲身体不适，上吐下泻，四处寻医吃药不见好转，短时间内 10 余村民亦相继感染。霜降之日，黄松叫来几个村民把自己饲养的水牛宰了，并将牛肉及牛骨分发到患病的村民家中。神奇的是，患病的村民吃了牛肉后病情不仅有所缓解，而且逐渐痊愈。因此，当地村民希望通过吃牛肉祈求祛疾除病，消灾避祸，保佑吉祥顺利。

"霜降满田红，吃牛最佳时。"走进四九村，到处充斥着浓郁的牛肉香气，宛如进入了美食大街。街道两旁搭起了大大小小的售卖点，鲜牛肉摆满档口，摊档前排起了长长的队伍，游客们兴致勃勃地挑选着牛肉，几乎每个走在路上的人手中都拎着一袋牛肉。置身其中，乡里巷里都是卖牛肉的吆喝声，处处都是售卖牛肉的地方，可谓喜气洋洋。

不少地方都有霜降吃牛肉的习俗。例如，广西玉林，这里的居民习惯在霜降这天，早餐吃牛河炒粉，午餐或晚餐吃牛肉炒萝卜，或是牛腩煲之类的来补充能量，祈求在冬天里身体暖和强健。

▲ 壮族霜降节

壮族霜降节

　　壮族霜降节是指每年农历九月，既壮语里称的"旦那"（晚稻收割结束）之后的霜降期间，劳作了一年的壮族乡民们，用新糯米做成"糍那""迎霜粽"，招待亲朋好友。人们也趁农闲的机会交朋结友、走亲串戚、对歌看戏，同时在节庆期间卖农产品、购买生产生活用具，为第二年的春耕做准备。

　　壮族霜降节以大新县下雷镇最具特色，其来源与下雷土司传说和庆丰收有关。相传土司第十四世许文英，其妻岑玉音为湖润土司的女儿，曾和其夫于清末一道骑牛到闽越沿海抗倭（一说抗安南）。因为岑玉音是骑着牛去打仗的，所以被称为"娅莫"，"娅"是壮语里对老年妇女的称呼，"莫"即黄牛。岑玉音抗侵略凯旋之日正值霜降节，为纪念许文英及岑玉音，下雷人民建起玉音庙（庙娅莫），逢霜降日民众扛着玉音的画像举行游神活动。关于岑玉音的事迹有两个不同的传说，一说壮族妇女岑玉音箭术高超，勇敢过人，曾带兵去广东、福建沿海一带抗击倭寇。她用兵果断，料事如神，多次打败入侵的倭寇，得到皇帝的封赏，最后她解甲回乡，直到逝世。人们因她曾在霜降这一天大败倭寇，所以在这一天举行祭祀以示纪念，逐渐形成为霜降节。另一说是她和丈夫一起，为保卫壮族人民的安宁及财产，率兵抵御入侵之敌，于霜降之日大获全胜，故当地百姓庆祝三天，定为节日。每逢霜降的前一天，各地壮胞都到下雷附近各村寨借宿，次日清晨到玉音庙进行拜祭。据说清代时，当地州官也要备办供品前来参加祭祀。群众祭祀完归来，就近表演舞狮、演唱壮剧、民歌等活动，欢度怀念民族英雄的节日。节庆由此而来，已有三百多年的历史。

壮族霜降节还与稻作族群的节期规律有关，是丰收节的一种形式。《归顺直隶州志》中关于"霜降节"的记载中云："前一日，州城各户裹粽，谓之'迎霜粽'。节间燃烛烧香，供祖先，给小孩。四乡亦作糯米糍，谓之'洗镰'。推原其故，盖幸登场事竣也。"

立冬

扫码可听有声版

　　立冬，是二十四节气中的第十九个节气，于公历 11 月 7~8 日交节。立冬是季节类节气，表示冬季自此开始。立冬过后，日照时间将继续缩短，正午太阳高度继续降低。在古代社会，立冬是民间"四时八节"之一，人们一般都要举行祭祀活动。立冬不仅是冬季的第一个节气，古时在我国的很多地方也被当作重要的节日来庆祝。立冬意味着进入寒冷的季节，人们倾向进食可以驱寒的食物。

饺子

在北方，立冬的规矩是吃饺子。饺子有"交子之时"的寓意，立冬也是秋冬季节之交，所以要吃饺子。现代人仍然延续这个习俗，立冬前后，饺子总是不可缺少的美味。远在公元 5 世纪，饺子已是北方汉族的普通食品。当时的饺子"形如偃月，天下通食。"但当时饺子是连汤吃的，故当时称之为"馄饨"。至唐朝时，吃法已与今天一致。1972 年，在新疆吐鲁番唐墓中发现有饺子，形制与现代无异。还有一种说法称，因为水饺外形似耳朵，人们认为吃了它，在北方寒冷的冬天里耳朵就不受冻。

老天津卫有立冬吃倭瓜馅饺子的习俗。倭瓜即南瓜。做正宗的立冬日倭瓜馅饺子，要用夏天买的倭瓜，放在小屋或窗台上慢慢存着，经过漫长的糖化过程，到了立冬这天做成饺子馅，别具风味。

▼ 新疆出土唐代饺子

▲ 炒香饭

炒香饭

在广东潮汕地区，立冬这一天，人们都会遵循古例，进行进补、食蔗、炒香饭等习俗。

潮汕地区流传着一句俗语，叫"立冬食蔗无病痛"。甘蔗能成为"补冬"的食物之一，是因为民间素来有"立冬食蔗齿不痛"的说法，意思是"立冬"的甘蔗已经成熟，吃了不上火，这个时候"食蔗"既可以保护牙齿，又可以起到滋补的功效。

潮汕立冬的习俗比较有意思的还要数炒香饭，也就是用莲子、香菇、板栗、虾仁、红萝卜等做成的香饭，深受汕头人的青睐。营养价值丰富，口感浓郁香脆的板栗，是炒香饭的上等作料，也是市场上的抢手货。

以前潮汕地区立冬还有吃"炣饭"的习俗，这种食俗在远古时期就有了。潮汕地区俗谚说"十月十吃炣饭"，十月初是新米上市的时候，加上当时的白萝卜、小蒜、新鲜的猪肉等，一道简单美味的炣饭就做成了。据介绍，"炣"是指烹饪的方式，指用火烧，它体现了潮菜丰富的烹饪方式。

姜母鸭

　　闽南人说，立冬正时辰，喝口水也滋补。这天家家都备补品，高档的是高丽参、洋参、鹿茸配鸡鸭，稍次的是猪脚、排骨、鳗鱼或牛羊肉，再次的也要做一锅肉咸饭、鱼丸豆腐汤。

　　立冬，闽中俗称"交冬"，意为秋冬之交，立冬"补冬"。在闽南、台湾，立冬进补的大菜一定是姜母鸭。姜母鸭起源于福建，而后传至中国其他地区，如台湾等乃至海外，是福建的一道传统名吃。它既能气血双补，同时搭配的鸭肉有滋阴降火功效。美食中的药膳滋而不腻，温而不燥。

▼ 姜母鸭

姜母鸭与其他食用鸭不同之处首先在于选用的鸭的品种——红面番鸭。而制作它的配料则更加丰富，包括：老姜、米酒、老抽、芝麻油、枸杞、八角、桂皮、香叶、白糖、食用盐等。

　　制作姜母鸭，首先需要将备好的老姜切成片，在锅中倒入芝麻油，中火烧至六成热时放入姜片，慢慢地煸香。将鸭洗净后去除鸭杂，将鸭肉切块后倒入煸香至微微发黄的姜片中。当鸭肉变色后倒入适量的老抽为鸭肉上色，再倒入半瓶米酒继续翻炒大约15分钟。待锅内汁水收干后加入白糖、八角、桂皮、香叶以及适量的食用盐，再加入高于鸭肉表面的水，先大火烧至水开后再转小火慢慢炖大约一个半小时。在出锅前15分钟内加入洗干净的枸杞，拌匀后改用大火出锅即可。姜母鸭口味鲜、咸、香，它的汤汁中除了鸭肉的香气之外，还带有一丝微微的辛辣，这是姜片所赋予的美味。不仅如此，更重要的是，它对于我们的健康还有很大的好处呢！一顿姜母鸭下肚，往往都会让人感到神清气爽，血气通畅。

姜母鸭既能气血双补
同时搭配的鸭肉有滋阴降火功效

▲ 南坑鹅肉

 鹅

在江西萍乡，立冬时杀鹅，谚语云："立冬不杀鹅，一日瘦一砣。"

南坑鹅肉是江西萍乡传统的汉族小吃，属于赣菜。它是街头巷尾的热门特色美食，实为身在异乡的萍乡人心中最具思乡的一道美食。

南坑鹅肉是萍乡地方特色土菜，是萍乡的一大美食招牌，口味独特，香辣味鲜，质感酥嫩。姜葱蒜爆香，鹅肉炒出鹅油，浇上酱料、米酒，盖锅盖焖煮一会，能闻到肉香、米酒香，最后收汁。萍乡辣椒，绝对是这道菜的功臣。

羊肉汤

时至立冬，意味着秋季正式结束，寒冷的冬季自此开始。在山东滕州，人们喜欢喝上一碗热腾腾的羊肉汤抵御寒冷、温暖身心。事实上，滕州人喝羊肉汤是一种爱好，更是传统习俗。在这个以羊肉汤闻名的地方，羊肉汤馆几乎占据餐饮业的"半壁江山"。当地更是流传着"三天不喝羊肉汤，心里一定要发慌"的俗语。而这里最独特的羊肉汤，熬汤的锅竟是用土烧制成的"泥缸"。

羊肉汤是滕州人日常生活里的必备，大块的羊肉和泛白的肉汤就是滕州羊肉汤的标志。这是滕州当地的饮食传统，在山东西南部的一些地区都好这一口，立冬更是讲究要喝上一碗，

三天不喝羊肉汤 心里一定要发慌

▼ 滕州羊肉汤

有的地方还有在这天给老人、娘家送羊的习俗。

由于滕州山地地形突出，许多靠近山区居住的村民都有养殖山羊的习惯，散养的山羊肉质更好。一般选择35~40斤的山羊，保证它的生长期在两年以上，这种山羊煮出来的汤也更好喝。

在煮羊的时候，讲究一斤羊肉配六斤水，锅里什么都不放。煮羊是为了将羊肉、羊骨中最鲜美的物质一点点煮出来。而为了更好地保持汤的鲜美，"下料"的顺序也有要求。开始先下内脏，先把内脏的沫全部打干净，确保没有沫之后再放羊肉，大火一个半小时左右后改文火，这样可以减少水分的蒸发。

相比其他羊肉汤的制作，滕州的羊肉汤最独特之处在于锅。不同于常见熬汤的不锈钢锅，滕州使用的是用土烧制而成的"泥锅"。而这些泥缸几乎来自滕州姜屯镇庄里东村的一位村民之手。泥缸的作用有很多，一是保湿性强，二是吸附性好。煮羊肉时会有血沫、腥气。这些都能附着在泥缸的缸壁上，由于土陶泥缸壁厚、散热慢、保温更好，对羊肉熬煮时也更有穿透力，这样煮出来羊肉软糯适口、不柴，羊肉汤则是入口嫩滑。

仫佬族依饭节

仫佬族是广西特有的少数民族。每逢农历闰年的立冬日，是仫佬族的依饭节，此日除了杀猪、杀鸡、宰鸭、包粽粑之外，还请来唱师，唱歌跳舞。歌舞地点由本家各户轮流安排，事先选出最丰满最长的糯谷谷穗，系以彩带，挂在演唱地点的墙壁上；堂屋当中放一张大桌，桌上摆满用熟芋头、红薯做成的水牛、黄牛模型（即在芋头、红薯上竖插四根香梗作为牛腿，一头插猪獠牙作为牛角，另一头安上棕麻丝作为牛尾巴），桌面上还摆有一盘五色糯米团，周围一圈一圈地摆有甜酒、芝麻、黄豆、花生、胡椒、沙姜、八角等 12 种香料食品，五光十色，表示五谷丰登、六畜兴旺。唱师演唱时，一会儿拿起一根金竹鞭向那"牛群"挥舞，一会儿托着那盘五色糯米饭

依饭节是仫佬族的传统习俗

▼ 依饭节上的食物

团围着桌子而跳，同房族的兄弟姐妹和亲戚朋友坐在周围观看，有的也敲锣打鼓、唱歌跳舞，欢庆农业丰收，祈祷来年风调雨顺。从头一天清晨开始，直到第二天天亮结束。

依饭节是仫佬族的传统习俗。传说古时有父女俩，父亲罗义以神箭降服群兽，使仫佬族各寨子五谷丰登，六畜兴旺；女儿罗英用歌声驯服了野牛，从此用牛耕田。依饭节就是为了纪念罗家父女。2006 年 5 月 20 日，广西壮族自治区罗城仫佬族自治县申报的"仫佬族依饭节"经国务院批准列入第一批国家级非物质文化遗产名录。

仫佬族是广西特有的少数民族
每逢农历闰年的立冬日
是仫佬族的依饭节

扫码可听有声版

　　小雪，是二十四节气中的第二十个节气。时间为每年公历 11 月 22 或 23 日。"小雪"是反映气候特征的节气。节气的小雪与天气的小雪无必然联系，小雪节气中说的"小雪"与日常天气预报所说的"小雪"意义不同，小雪节气是一个气候概念，它代表的是小雪节气期间的气候特征；而天气预报中的小雪指降雪强度较小的雪。小雪节气是寒潮和强冷空气活动频数较高的节气。

做腌菜

南京有谚语："小雪腌菜，大雪腌肉。"小雪之后，家家户户开始腌制、风干各种蔬菜，以备过冬食用。一到小雪节气，人们上菜场就比较关心有没有可以腌制的菜。这时，萝卜、雪里蕻、青菜都长得很好，勤快的主妇们把它们买回

▲ 腌菜

家腌，然后曝晒七八个晴日。食用时用滚开水烫，烫上两三次就可以吃了。这个习俗古已有之。清人著作《真州竹枝词引》中有这样一则记载："小雪后，人家腌菜，曰'寒菜'……蓄以御冬。"真州在今天的江苏仪征。

"小雪"前一天，几乎所有的人家，都把地里的大青菜铲了起来，洗得干干净净，挂在院子外面的竹篱笆上。只是晾一晾，并不要晒得多干。到了"小雪"这一天，就要一棵棵收起来，用大竹筐挑到厨房。腌寒菜要一口一人高的大缸。在缸里铺一层青菜，码一层盐，装到满满一缸了，人站上去踩实。先拿块木板盖住菜，两个人踏上去。最好是年轻的夫妇，不觉得累，手牵着手，哼着曲子，晃荡着、摇摆着，节奏分明，舞蹈一般。等压得实了，人跳出来，再抬一块大石头重重地压在上面，"寒菜"就算腌上了。

▲ 晒鱼干

十月豆　肥到不见头

晒鱼干

　　晒鱼干是小雪节气的习俗，小雪时台湾中南部海边的渔民会开始晒鱼干、储存干粮。乌鱼群会在小雪前后来到台湾海峡，另外还有旗鱼、沙丁鱼等。台湾俗谚："十月豆，肥到不见头"，是指在嘉义县布袋一带，到了农历十月可以捕到"豆仔鱼"。

　　说到晒鱼干，一般要选大鱼，因为小鱼一晒没多少肉，买回鱼后，把鱼去鳞，若鱼身较大，应在脊背骨下及另一边的肉厚处，分别开片，使卤水易于渗透，然后将鱼身剖腹，去掉内脏。将鱼清理干净后，一般不拿水清洗，那样鱼容易坏，如果想洗，洗后必须把水沥干、擦干。

然后将盐、花椒、大料、陈皮、小茴香放入锅中炒至微黄，均匀抹在鱼的内外两侧，调料多少依自己口味而定，抹完后，便可以将其平放在一个相对较大的容器里，在阴凉处进行晾置。四到五天后，将容器内的鱼上下翻个，以便调料均匀吸收。如此再过四五天，便可将鱼挂在阴凉通风处，想让鱼干到什么程度都行。一般两三个月后便可取下来，剁成段，用保鲜膜包起来放入冰箱。

小鱼干含钙量高所以常被当成零食食用，在台式的 XO 酱里，小鱼干主要是用来补香味与咸度的，而为了好看与无法让人看出用了哪些材料，小鱼干在入酱前会先去头然后切碎使用。小鱼干有很多种，除了这一道菜所用的"公鱼"之外，还有鳀白、丁香等，不过我们一般称的小鱼干，指的就是这一道菜所使用的公鱼。在晒干以前，公鱼的味道也非常鲜美，无论是煮汤或炒小菜，都值得细细咀嚼。

腌风鸡

　　从前每逢小雪时节，江南地区几乎家家户户都要开始腌制风鸡。风鸡又名带毛风鸡，是正宗农家土菜中的名菜。风鸡通常是在小雪节气后腌制，临近春节时食用。这时南方也进入冬季了，温度低、气候干冷、有风的日子多，这样的天气适宜腌制风鸡，而且不易滋生细菌和霉变。做风鸡最好选用当年的雏鸡，尤以阉割的公鸡为最佳。鸡杀后不除毛，只除尽内脏和血，在鸡腹内抹上花椒和粗盐，讲究的还要在鸡毛外层裹上泥巴，然后挂在背阴处风干而成。历经一个月左右的风干之后，风鸡便随时可以食用了。风鸡通常用来制成冷盘，只需加入一些葱姜蒸熟，放凉后切块装盘，这时的风鸡肉质鲜嫩，口味腊香馥郁，是从前佐酒的佳肴。

　　在两湖地区有吃泥风鸡的习惯。泥风鸡是湖南省的著名特产，历史悠久。这种鸡的做法是用黄泥将鸡体连毛糊住风干。风鸡在初冬之时腌制，俗语有"交小雪，腌风鸡"之说。风鸡在春节前后食用，过了正月十五天气转暖，风鸡易变质，最迟不能迟于正月底。食用时将风鸡干拨去毛，洗净，放在大盘子里，加入花椒、桂皮、茴香、葱姜、糖、料酒，上笼旺火蒸40分钟左右取出，晾凉后，剖开斩成数块装盘即可。泥风鸡可存放半年左右。食用时，轻轻打碎泥壳，则泥毛尽去，用温水洗净鸡身，改刀后，蒸、炒、炖，其肉质鲜嫩，色香味俱全，老少皆宜，是佐酒、下饭的佳肴，既别具风味，又有滋补吉祥的意味，让人余香满口，不忍放手。

吃糍粑

在南方某些地方，还有农历十月吃糍粑的习俗。古时，糍粑是南方地区传统的节日祭品，最早是农民用来祭牛神的供品。俗语"十月朝，糍粑禄禄烧"，指的就是祭祀事件。糍粑口味爽滑、细腻，相对于糯米较易消化吸收，还可以吸脂

▲ 打糍粑

减肥，可谓人间美味。从外到内，金黄酥脆、洁白柔软、清香甜蜜，拉着长长的丝儿，夹杂着未完全溶化的糖粒儿，那份满足感一直萦绕在许多人心中。

糍粑由糯米蒸熟再通过特质石材凹槽冲打而成，手工打糍粑很费力，但是做出来的糍粑柔软细腻，味道极佳。有纯糯米做的，有小米做的，也有糯米与小米拌和做的，还有玉米与糯米拌和打成的。此外，还用黏米与糯米磨成粉，倒在一种用木雕模做的，模内刻有图案花纹，俗称"脱粑"内。糍粑的制作非常费人力，必须几个人一起才能制作完成。

农谚所说的"十月朝，糍粑碌碌烧"。这里"碌碌烧"是非常形象的客家语言，"碌"是像车轱辘那样滚动，意思指用筷子卷起糯米粉团，像车轱辘那样前后上下左右，四周滚动粘上芝麻花生沙糖；"烧"即热气腾腾。吃糍粑一要热、二要玩、三要斗（比较），才过瘾，才能体味"十月朝，糍粑碌碌烧"的农家乐趣。

▲ 土家刨汤宴

吃刨汤

　　吃刨汤，也叫吃"刨弹"，是土家族的风俗习惯，意思就是猪刚刚被宰杀时，肉质非常鲜活。因为猪比较大，一般会请很多亲戚朋友来帮忙。杀猪的时候也是有讲究的，因为村民认为猪杀得好，对下一年的运势也会好。所以做"刨弹"的一家会请来村里最好的屠户来操作。

　　农历小雪之际，湘西土家族苗族自治州龙山县的土家族农民，用刚刚杀年猪的新鲜猪肉，在家中烹饪土家族传统美食"刨汤"，用来款待亲朋好友。猪要是自己家喂的，基本上喂的都是粮食，即便没有上好的厨师，也依然非常鲜美。其实"吃刨汤"也不过是就地取材，现杀现吃，图个新鲜。

"刨汤"的第一餐会以猪的内脏和猪血作为主菜，同时会切一块煮熟祭祀祖先。精瘦肉做成炒菜和汤菜，用五花肉炸了做酥肉，蒸了做扣肉。血旺汤是一定少不了的，因为寓示着越吃越兴旺。当然同样少不了大碗的回锅肉，肉片能有一指多厚，因为肉切得越厚实，越能显示主人的大方好客。

　　在"刨汤"结束后，热情的主人一般还要给来的客人送一刀肉。哪家要吃"刨汤"，那天这户农民家中就会十分热闹。过去村子里都比较贫困，一头猪可能是一家人最大的财富，一年就杀一次，所以会格外热闹。农村人喝酒讲究个亲热，不分你我，就着一只土碗，你一嘴我一嘴轮流转圈，这是土家人在喝"砸酒"。有时喝到兴致，干脆来个猜拳行令，痛快淋漓。边吃边谈，既联络友情，又互通信息，还筹划来年发展，颇有意义。

小雪酒

我国人民懂得酿酒，早在夏朝就开始了。到了商朝，农业逐渐发达，酿酒的原料更加丰富，饮酒的风气也愈加盛行。及至周朝，周公将卫地封给殷朝的遗民康叔，特地作《酒诰》一文作为劝勉。可见殷人嗜酒之深。周朝

▲ 小雪酒

的杜康以善于酿酒而闻名。他改良酿酒的方法，使其获得极大进步。政府之中也有酒正的官职，专门掌管与酒有关的政令。

酿酒的季节，可从《诗经·国风》中推知："十月获稻，为此春酒，以介眉寿。"可见酿酒多在冬季，因农事已毕，谷物收获，而岁末祭祀报赛，酒的用途也就比较广了。

近代各地民间酿酒大多仍按照这个时间。浙江安吉入冬后，家家酿制林酒，称之为过年酒。平湖一带农历十月上旬酿酒贮存，称之为十月白，用纯白面做酒曲，并用白米、泉水来酿酒的，叫作三白酒。到春月在其中加入少许桃花瓣，又称之为桃花。江山一带在冬季汲取井华水酿酒，藏到来年春天桃花开放时饮，称之为桃花酒。杭州冬月有民谚道："遍地徽州，钻天龙游，绍兴人赶在前头。"这就是说徽州人做爆竹，龙游人做纸马，而绍兴人则以酿酒闻名。孝丰在立冬酿酒，长兴在小雪后酿酒，都称为小雪酒，该酒储存到第二年，色清味冽。这是因为小雪时，水极其清澈，足以与雪水相媲美。

大雪

大雪，是二十四节气中的第二十一个节气，更是冬季的第三个节气，交节时间为每年公历 12 月 6~8 日。节气大雪的到来，也就意味着天气会越来越冷，下雪的可能性大增。大雪节气是一个气候概念，它代表的是大雪节气期间的气候特征，即气温与降水量。节气的大雪与天气预报中的大雪意义不同。实际上，大雪节气的雪却往往不如小雪节气来得大，也未必是全年下雪最大的节气。

扫码可听有声版

小雪腌菜　大雪腌肉

▲ 腌肉

腌肉

　　有一句俗语，叫作"未曾过年，先肥屋檐"，说的是到了大雪节气期间，会发现许多小区大街小巷民居的门口、窗台都挂上了腌肉、香肠、咸鱼等腌货挂在屋檐下，形成一道亮丽的风景。尤其是南京一带，更有着"小雪腌菜，大雪腌肉"的习俗。在古代该习俗源于防一种被称为"年"的怪兽。南京人有句老话"大雪把肉腌，大年把嘴填"，说的就是大雪节气忙着腌肉就可以在过年的时候享受到口福了。大雪节气一到，家家户户忙着腌制"咸货"。将大盐加八角、桂皮、花椒、白糖等入锅炒熟，待炒过的花椒盐凉透后，涂抹在鱼、肉和家禽内外，反复揉搓，直到肉色由鲜转暗，表面有液体渗出时，再把肉连剩下的盐放进缸内，用石头压住，放在阴凉背光的地方，半月后取出，将腌出的卤汁入锅加水烧开，撇去浮沫，放入晾干的禽畜肉，一层层码在缸内，倒入盐卤，再压上大石头，十日后取出，挂在朝阳的屋檐下晾晒干，以迎接新年。

要指出的是，腌肉是过去物资不足时保存食物的方法，进而发展出独特的风味。咸肉、香肠等肉制品，一般含少量亚硝基化合物，因含量不高，在食用加工时弃去汤汁即可。但千万不要油煎，在高温下可促进食物中亚硝基化合物的合成，使其中的亚硝基吡咯烷和二甲基亚硫胺等致癌物的含量增高。现在的生活条件下，应尽可能减少食用高盐的食物。人们在吃上述食物的时候，不能每顿都吃，最好搭配一些新鲜果蔬。也可以先采用蒸煮或者多次蒸煮，尽量降低肉里面的盐的含量，把这当作调节生活的一个风味菜，"奢侈"地享受一下腊肉的淳朴香味。

大雪把肉腌　大年把嘴填

▲ 乌贼

乌贼鱼

　　大雪时节乌贼鱼群因为天气越来越冷，沿水温线向南回流，越汇越多，我国整个台湾西部沿海都可以捕获，产量非常丰富。枪乌贼是台湾海峡重要的水产品之一，福建统称鱿鱼，为福建、广东和台湾渔民的传统渔获对象。枪乌贼多数种类为一年生，具有交替快、繁殖力强和资源恢复补充迅速等特点。特别是台湾海峡，常年气候温暖，海域水温、盐度和海流均有利各种饵料生物的迅速繁殖，是枪乌贼生殖繁衍、索饵肥育的良好场所。"冬节食乌正当时"，这时节人们就把乌贼鱼当作上等佳肴来招待宾客。

　　在台湾，大雪时节也是捕获乌贼鱼的好时节。俗谚"小雪小到，大雪大到"是指从小雪时节，乌贼鱼群就慢慢进入台湾海峡，到了大雪时节因为天气越来越冷，乌贼鱼沿水温线向南回流，汇集的乌贼鱼群也越来越多，整个台湾西部沿海都可以捕获乌贼鱼，产量非常高，常被当作上等佳肴来招待宾客。

小米红薯粥

不过，北方的餐桌可就是另外一番景象。鲁北民间有"碌碡顶了门，光喝红黏粥"的说法，意思是天冷不再串门，只在家喝暖乎乎的小米红薯粥度日。

天寒地坼，久于室外嬉戏，不免寒气侵体，因此冬日更要注意御寒和进补，"大雪小雪，煮饭不息"。在北方，"饭"特指小米粥，大雪节到，人们更偏爱煮红黏粥，红黏粥是指小米红薯粥，小米粥有滋阴养血、暖胃安眠等功效，而红薯也素有"补虚乏、益气力、健脾胃，强肾阴"之功效，可使人"长寿少疾"。人们还称"喝了红黏粥，胜过吃鸡狗"，一碗米粥自然是比不上肉的营养的，但通过此话，不难看出红黏粥在农家人心中的地位。以前，冬日的乡下北风刺骨，但村中依稀有阵阵炊烟，饭香味弥散，田中大雪覆盖着的是冻裂的土地和安眠的小麦种，在这万物闭藏之时，人们懂得收敛和放松，在无声而艰难的冬闲时光里静静等待着生命的滋长。

▼ 小米红薯粥

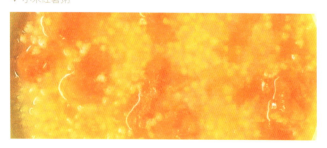

二之日凿冰冲冲
三之日纳入凌阴

▲ 清末北京运冰图

藏冰

　　古时，为了能够在炎炎夏日享用到冰块，一到大雪节，官家和民间就开始储藏冰块。这种藏冰的风俗历史悠久，我国冰库的历史已有3000年以上，《诗经·豳风·七月》曰："二之日凿冰冲冲，三之日纳入凌阴。"据史籍记载，西周时期的冰库就已颇具规模，当时称之为"凌阴"，管理冰库的人则称为"凌人"。《周礼·天官·凌人》载："凌人，掌冰。正岁十有二月，令斩冰，三其凌。"这里的"三其凌"，即以预用冰数的三倍封藏。西周时期的冰库建造在地表下层，并用砖石、陶片之类砌封，或用火将四壁烧硬，故具有较好的保温效果。当时的冰库规模已十分可观。1976年，在陕西秦国雍城故址，考古人员曾发现一处秦国凌阴，可以容纳190立方米的冰块。

　　在古代，由于没有制冰设备，所以冰库之冰均采自天然，史书中称"采冰"或"打冰"。为了便于长期贮存，对采冰有一定的技术要求，如尺寸大小规定在三尺以上，太小则易于融化。

古代藏冰已有多种用途，如祭祀荐庙、保存尸体、食品防腐、避暑冷饮等。《周礼·天官·凌人》载："祭祀，共冰鉴；宾客，共冰；大丧，共夷盘冰"指的就是冰的多种用途。

到了14世纪，中国人又发明了深井贮冰法，大大延长了天然冰块的贮存期。人们利用打井的技术，往地下打一口粗深的旱井，深度在8丈以下，然后将冰块倒入井内，封好井口。夏季启用时，冰块如新。

经过数百年的发展，17世纪的冰库又被改良为了"冰窖"。冰窖也建筑在地下，四面用砖石垒成，有些冰窖还涂上了用泥、草、破棉絮或炉渣配成的保温材料，进一步提高了冰窖的保温能力。冰窖以京城最多，以皇家冰窖最为宏大。徐珂《清稗类钞·官苑类》记载："都城内外，如地安门外、火神庙后、德胜门外西、阜成门外北、宣武门外西、崇文门外、朝阳门外南皆有冰窖。"此外，民间也建筑了许多小型冰窖，还出现了专门以贮冰和卖冰为业的冰户，这就使冰库的数量大为增加。清代冰窖按照其用途被分为了三种：官冰窖，府第冰窖，商民冰窖。

凌人　掌冰
正岁十有二月　令斩冰　三其凌

扫码可听有声版

　　冬至是二十四节气中的第二十二个节气，又称冬节、亚岁、长至节等，兼具自然与人文两大内涵，既是二十四节气中一个重要的节气，也是中国民间的传统节日。冬至于每年公历 12 月 21~23 日交节。冬至是时年八节之一，古时民间有在"八节"拜神祭祖的习俗。冬至被视为冬季的大节日，在民间有"冬至大如年"的说法，所以古人称冬至为"亚岁"或"小年"。

　　冬至标示着北半球的太阳高度最小，白昼时间最短，但是冬至日的温度不是最低。冬至这天太阳直射地面的位置到达一年的最南端，太阳几乎直射南回归线（又称为冬至线），太阳光对北半球最为倾斜；因此，冬至日是北半球各地一年中白昼最短的一天，并且越往北白昼越短。值得注意的是，由于冬至前后，地球位于近日点附近，运行的速度稍快，这造成了在一年中太阳直射南半球的时间比直射北半球的时间约短 8 天，因此北半球的冬季比夏季要略微短一些。

馄饨

馄饨是冬至节的传统吃食，故明清时有谚云："冬至馄饨夏至面。"南宋人周密的《武林旧事》卷三"冬至"条里，描绘杭州过冬至节说："三日之内，店肆皆罢市，垂帘饮博，谓之'做节'。饷先则以馄饨，有'冬馄饨年馎饦'之谚。贵家求奇，一器凡十余色，谓之'百味馄饨'。"所谓的"百味馄饨"，即一盘中做有十数种不同馅的馄饨，可见宋代冬至吃馄饨之俗已十分流行。

▲ 馄饨

为何要在冬至吃馄饨呢？中国古代的历法，常以冬至为历元，此时往往被看作天体运行之始，在这以前，古人认为宇宙是一种浑沌状态。徐整《三五历记》这样描绘："天地浑沌如鸡子。"馄饨的形状，与鸡子相近，因而清朝《燕京岁时记》这样说道："天馄饨之形，有如鸡卵，颇似天地浑沌之象、故于冬至食之。"这就是说，冬至吃馄饨，是因为馄饨有天地浑沌之象，吃馄饨是纪念天地变化、宇宙运行之肇始。

天馄饨之形　有如鸡卵
颇似天地浑沌之象　故于冬至食之

家家捣米做汤圆
知是明朝冬至天

▲ 汤圆

汤圆

　　汤圆是我国人民很早就发明的一种食物，古时称作"牢丸"，此外也称"粉团""汤团""粉圆"或"圆仔"。起先，吃汤圆并无定时，宋代以后，人们开始在元宵节吃汤圆，明清以来，江南人即在冬至时将其视为应节食品，以汤圆祭神祭祖。吃汤圆在明、清时期已经约定俗成。在冬至这天，要"做粉圆"或"粉糯米为丸"。这些在史料上也有正式的记载，称"冬至，粉糯米为丸，名'汤圆'"。做好汤圆后要祀神祭祖，而后合家围吃汤圆，叫作"添岁"。所以，冬至吃汤圆，古而有之。

　　冬至日吃汤圆的传统习俗，在江南尤为盛行。"汤圆"是冬至必备的食品，是一种用糯米粉制成的圆形甜品，"圆"意味着"团圆""圆满"，冬至吃汤圆又叫"冬至团"。民间有"吃了汤圆大一岁"之说。

　　冬至团可以用来祭祖，也可用于互赠亲朋。旧时上海人最讲究吃汤团。古人有诗云："家家捣米做汤圆，知是明朝冬至天。""圆"意味着"团圆""圆满"。冬至吃汤圆，象征家庭和谐、吉祥。

冬至丸

潮汕一带，冬至前，家家户户都要舂糯米粉末儿，做糯米汤圆。到冬至前一天，吃过晚饭，家中主妇就张罗把一个浅沿的笸箩摆在矮凳上，把糯米粉末儿揉成团。然后，一家人无论大小都围坐四周，各自捏取粉团搓成弹珠大的冬至圆。有些人故意搓一些大小参差不齐的，这叫"父子公孙"圆，象征岁暮之际，一家人圆圆满满。冬至日天亮之前，勤劳的主妇就用红糖煮熟"冬至圆"，盛于碗内祭拜祖先及司命帝君。起床之后，大人和小孩都要先吃上一碗冬至圆，这样才算添了一岁。如果有家人外出不归，那么一定要为他留下一些糯米粉，

▼ 冬至丸

待其归家时，做一碗汤圆给他吃。除了人吃冬至圆外，人们还用以喂牛。如果牛不吃，要想方设法用甘蔗叶包住哄它吃。此外，还得在牛的前额、双角、脊背、尾巴贴上圆，让它和主人一起添寿添福。这一天，人们也要在家里的门环、牛栏、猪圈等处贴上冬至圆，灶头也得放上 5~7 颗。

传说有一年冬至，闽南来了三个衣衫褴褛的逃荒者。饥寒交迫，老妇饿死了，只剩下父女两人。父亲向人家讨了一碗冬至圆给女儿吃，但女儿却坚决不吃，要让父亲吃。推来让去，父亲流泪说："女儿，为父不能养活你，眼看你忍饥受饿，不如在这里择一人家嫁了，图一口之食。"女儿也就含泪答应，两人分食了一碗冬至圆后便分手了。后来，女儿嫁了一个好人家，日子好过一点了，但她天天思念父亲。到了冬至时候，更是忧伤万分。她的丈夫问起原因，妻子就将详情告知。后来夫妻俩想了一个方法，在大门环上贴了两颗大大的冬至圆，心里想：父亲若看到，定会触景生情来寻她。这样，年复一年，这习俗终于沿袭下来。

鸡母狗粿

在澎湖海岛地区和温州洞头区，有冬至吃鸡母狗粿的习俗。鸡母狗粿是一种米塑，就是用米粉捏成小巧玲珑的动物和瓜果造型。冬至节，人们以鸡母狗粿祭拜上天，祈求六畜兴旺、五谷丰登。

捏制鸡母狗粿，磨米粉是首道工序。磨粉分干湿两种磨法。磨干粉，直接把米放到磨盘里，边磨边加米。磨湿粉，要先将米放水里浸泡两三天，然后洗净放筬箩里晾干，磨的时候再加水，水里放点红色食用粉，这样，磨出来的粉是淡红色的，很好看。粉磨好后，倒进布袋里，扎紧口子，压上一块大石头，把水榨出来。也可放小木桶里，盖上一层纱布，然后压上草灰包，慢慢吸干水。

▼ 鸡母狗粿

冬至前一天，主妇们把米粉揉好后，便招呼孩子们一起捏制鸡母狗粿。鸡母狗粿，顾名思义，形状都以鸡、鸭、狗、羊、牛、兔等家畜为主，也有黄鱼、虾、龟等海洋生物以及南瓜、玉米、菠萝等瓜果。捏出动物、瓜果的轮廓后，再剪出四肢、嘴巴、耳朵、鳞片、叶子等细节，眼睛用细竹签点出，如用黑芝麻点上就更栩栩如生了。全家合作捏母鸡孵小鸡是鸡母狗粿中不可缺少的内容。主妇们压好圆饼形粉团作鸡窝，再捏只翅膀半张的母鸡放在窝中央，孩子们有的揉些小圆粒作鸡蛋，围在母鸡身边；有的捏一些在壳里欲出不出的小鸡，还有捏憨态可掬的小鸡叠放在母鸡身上和身边，不一会儿，一幅亲子其乐融融的景象就呈现在眼前了。

　　鸡母狗粿做好后，放到蒸笼里蒸，米香溢出后，还要再焖会儿才起锅，不然做好的动物、瓜果，容易塌脖子或掉瓜蒂。祭完天后，这些鸡母狗粿都由主妇平均分给孩子们。孩子们早就垂涎欲滴，此时便迫不及待地啃起来。舍不得吃的，就藏起来。过一两天，鸡母狗粿变得硬硬的，嚼起来很筋道，味道也特别，除了米香，似乎还能嚼出瓜果的滋味。

年糕

十一月最重要的节日是冬至，杭州人有"冬至大如年"之说。前一日晚，要打扫房间内外，称为扫隔年地，冬至日那天是不能扫地的。农历十月十五下元节腌的菜要在冬至开缸，先请神及灶司，然后切菜花炒肉片作享。

▲ 年糕汤

早晨吃年糕，并供祖宗，佐以刚开缸的冬咸菜。这一天作享的祭品，必用包头鱼（鳙鱼）。又以陶箩装满米，两旁插松茅丝和胡葱一对，盖上锅焦，上铺年糕、橘子、菱角等，再以红绿丝扎成花朵，成扇形插在上面，称为"供年饭"，也叫"聚宝盆"。早年间典当铺里在这一天辞退人员，一般不会明说，冬至吃饭的时候，如果包头鱼头对着谁，谁就是那个倒霉蛋，可以自行离店了。

从清末民初直到现在，杭州人在冬至都喜吃年糕。每逢冬至做三餐不同风味的年糕，早餐是芝麻粉拌白糖的年糕，午餐是油墩儿菜、冬笋、肉丝炒年糕，晚餐是雪里蕻、肉丝笋丝汤年糕。老杭州的说法是，冬至吃年糕，年年长高，图个吉利。

年糕，一种用糯米或米粉制成的糕点，不仅味道鲜美香醇，还具有浓重的历史气息。因为地域与家庭的差异，每个人都有自己钟爱的年糕口味和做法。早期，年糕被用来祭神或者供奉祖先，后期，年糕就逐渐演变成了一种年节必备的佳肴。

▲ 银川"头脑"

银川"头脑"

在冬至这一天，银川有个习俗，这一天要喝粉汤、吃羊肉汤粉饺子。银川人还给羊肉粉汤起了个特别的名字——"头脑"。

五更天，主妇们早早地忙活起来，把松山上的紫蘑菇洗净、熬汤，熬好后将蘑菇捞出；羊肉丁下锅烹炒，水汽炒干后放姜、葱、蒜、辣椒面翻炒，入味后将切好的蘑菇加在肉丁上再炒一下，然后用醋一腌，清除野蘑菇的土味，再放入调和面、精盐、酱油；肉烂以后放木耳、金针菜略炒，将清好的蘑菇汤加入，汤滚开后放进切好的粉块、泡好的粉条，再加入韭黄、蒜苗、香菜，这样就做好一锅羊肉粉汤了。这锅汤红有辣椒，黄有黄花菜，绿有蒜苗、香菜，白有粉块、粉条，黑有蘑菇、木耳，红黄绿白黑五色俱全，香气扑鼻，让人垂涎欲滴。冬至，老百姓叫鬼节，粉汤饺子做好后先盛一碗供起来，还要给近邻端上一碗。早上吃不下饺子，就买吊炉三尖饼子、茴香饼子泡着粉汤吃。羊肉粉汤黄萝卜馅饺子，对银川人来说是司空见惯的饭食，外地人一吃却赞不绝口。在外地很少见这样香辣可口的饺子，这也算是银川的一种特色风味小吃吧。

三门祭冬

三门祭冬已经流传了 700 多年。2014 年 12 月，三门祭冬被列入国家非物质文化遗产代表性项目名录。三门祭冬是杨氏家族每年冬至举办的拜天祭祖活动。仪式主要有取长流水、祷告祈天、祭祖、演祝寿戏、行敬老礼、设老人宴等流程。祭冬过程中，出于对自然和生命的尊重、内心的虔诚和礼敬以及对美好未来的祈盼，族人对祭冬的要求十分严格，任何东西都要做到最好。

前一天要取纯净之水。按照仪式要求，祭拜过程中的用水，必须是没有任何污染、来自大山深处的龙潭水。冬至前一天清晨，族人扛起彩

▼ 三门祭冬

旗，带着采水工具，排着长队，在鼓乐的伴奏下，步行几公里到龙潭，焚香拜祭，举行取水仪式，以表示对自然赐予的感恩、对天赐圣水的感谢。取回山泉净水后，取水者必须轮流用肩扛水回村，整个过程不得使用任何交通工具。净水取回后还要用红布将桶包裹好，防止误用。为什么一定要取龙潭水呢？因为龙潭水为长流水，寓意杨氏一族源远流长，子孙绵延不断。

冬至这天凌晨3点，杨家村街巷中传出阵阵锣声，参加祭祀的人沐浴更衣，主祭和陪祭穿着清一色的唐装，在祠堂前肃立，以示对天地、祖先的尊重。整个祭冬仪式庄严而隆重，分祭天、拜祖两大部分。祭天主要由主祭朝东、南、西、北对天叩拜，然后三拜九叩，读祝感恩。拜祖时，族人起立，鸣炮奏乐。主祭等三拜九叩，三献，读祝。礼毕，族人按次序拜祖。祭天、拜祖仪式之后，邀请戏班至中堂像前，拜请三献读祝，礼毕，由主祭者接过蟠桃献于祖像前，开演祝寿戏。

午时，举行老人宴，杨家村60岁以上的老人集中在家庙品尝冬至圆等节俗食品，80岁以上的老人每人还可以额外得到2.5公斤猪肉。然后戏班子在家庙连演五天五夜的大戏，整个祭冬仪式宣告完毕。

三门祭冬蕴含着虔诚的敬天法地、感恩天地之情，传达出尊祖聚族的人伦大义，更凸显崇尚祖德、尊老敬老的传统美德，也实现了家族和睦邻的基本社会伦理。

小寒，是二十四节气中的第二十三个节气，也是冬季的第五个节气，公历 1 月 5~7 日交节。小寒，标志着冬季时节的正式开始。冷气积久而寒，小寒是天气寒冷但还没有到极点的意思。它与大寒、小暑、大暑及处暑一样，都是表示气温冷暖变化的节气。小寒的天气特点是：天渐寒，尚未大冷。俗话有讲："冷在三九"，由于隆冬"三九"也基本上处于该节气之内，因此有"小寒胜大寒"之讲法。

扫码可听有声版

▲ 黄芽菜

黄芽菜

　　关于小寒节气习俗，有一个天津人吃黄芽菜的传统屡屡被提起。其源头便来自《津门杂记》，根据记载，过去到了小寒节气，黄芽菜成了天津一个必备的习俗。同时还提到"剥去白菜的大片茎叶，用肥料覆盖剩下的菜心部分，半月后将更脆嫩鲜美"的说法。黄芽菜并非蔬菜品种，而是白菜的一种旧称。因其菜心泛黄，在一些地区便有了类似的叫法，如黄芽菜、黄心菜。如今，白菜依然是天津人十分看重的蔬菜。在位于静海区陈官屯镇的纪家庄村，还延续着一项传承至今的白菜腌制手艺。因在冬季制成，这种菜又被称为冬菜。

老一辈天津人将白菜称为黄芽菜，究其原因在于，虽然白菜最外侧的菜叶，也就是我们俗称的"菜帮"为绿色，但剥下菜帮后，里面的软叶多为黄色。但是，到了现在，黄芽菜的说法已经逐渐少了，但在天津，白菜依然是人们十分看重的一种蔬菜。在冬季尤为明显。

天津静海区陈官屯镇纪家庄村的"冬菜"，其实是将白菜晒干后腌制而成的小菜。过去冬季寒冷，储存条件有限，用这种方法制作蔬菜不仅味道独特，还能长久储存，手工腌制冬菜至少可以储存 18 个月以上。与传统印象中青绿色的大白菜不同，冬菜的原料、成品都是泛着黄色的菜叶。冬菜制作一般选用本地种植的青麻叶大白菜。制作时，需要将外部青绿的菜帮剥除，用里面的菜叶制作，这样腌制出来的冬菜不仅口感好、色泽上看着也更鲜亮。从刀切白菜到自然风干晾晒，再到为晾好的菜坯加上蒜泥、食盐等调味，最终装坛。陈官屯冬菜制作技艺如今已经是天津市非物质文化遗产项目。这种制作最早可追溯至清代，传承至今，现在已经是第十二代传承人。

▲ 菜饭

吃菜饭

到了小寒，老南京一般会煮菜饭吃，菜饭的内容并不相同，有用矮脚黄青菜与咸肉片、香肠片或是板鸭丁，再剁上一些生姜粒与糯米一起煮的，十分香鲜可口。其中矮脚黄、香肠、板鸭都是南京的著名特产，可谓真正的"南京菜饭"，甚至可与腊八粥相媲美。简单地说，所谓菜饭就是青菜和米饭一起翻炒，加入咸肉、香肠、火腿、板鸭丁。

这些饭菜在今日看似平常之物，过去则是家庭条件较富裕的人才能享用的，经济条件不太好的人家是舍不得加肉的，会往菜饭里埋一勺猪油，那时候平时的饭菜没有多少油水，因此"猪油拌饭"吃起来格外香。小寒节气，老南京讲究吃菜饭，其来源估计与天冷进补有关系。

小寒是一年之中最冷的节气，也是阴气最盛的时期。菜饭中糯米补中益气，健脾暖胃，能增强机体抵御寒邪的能力，另外生姜味辛性温，具有发汗解表、温肺散寒之功效。

吃糯米饭

广东民谚"小寒大寒无风自寒"，小寒、大寒早上吃糯米饭驱寒是传统习俗。民间传统认为糯米比大米含糖量高，食用后全身感觉暖和，利于驱寒。中医理论认为糯米有补中益气之功效，在寒冷的季节吃糯米饭最适宜。老人说是利于散湿驱寒，所以就有了这样的一个传统。小大寒季节，正是人们提高身体素质，加强食补的大好时机，旧时代穷人家没有更多营养品食用，从小寒、大寒开始经常吃上一碗糯米饭就算是补身体了。

糯米饭有很多种做法，湖南、广东和港式的做法又各有其精髓。湖南糯米饭很腻，吃一小碗

▼ 糯米饭

已经饱肚，但广东糯米饭吃两碗还有肚余。港式糯米饭会用上鸡丝、香菇等做主料，再以高汤淋料，增加香味和口感。广式糯米饭，必定要有腊肉、腊肠等经典配料，这两样配料也是整锅糯米饭的灵魂所在。广州在小寒这一天有吃糯米饭的传统。小寒早上吃糯米饭，为避免太糯，一般是 60% 糯米、40% 香米，把腊肉和腊肠切碎、炒熟，花生米炒熟，加一些碎葱白，拌在饭里面吃。

清而不浊
鲜而不腥

▲ 羊肉粉

羊肉粉

在贵州的朋友在小寒的时候都会吃羊肉粉御寒，那这是什么原因呢？

其一，羊肉粉所选羊为贵州思南县一带产的矮脚山羊，这一带的山羊肉质细嫩，腥臊味少；羊都是当天宰杀剥皮，不用水洗就可放入锅，小火慢炖；不管锅有多大，一次都不会放入许多羊肉，而是一次又一次、源源不断地添加新鲜羊肉，这样，羊肉汤就清而不浊，鲜而不腥，并一直保证汤的鲜美。煮熟的羊肉，夹出来弄干，切成薄片，吃时加在粉里就可以了……

其二，吃羊肉粉，辣椒至关重要。遵义郊外有一镇，唤作虾子镇，这里的辣椒鲜美、筋道。过去遵义人吃羊肉粉，用炭火把辣椒虾子镇的辣椒烤煳，吃的时候用手搓成胡辣椒面，撒在粉上，即可食用；现在没有如此麻烦了，老字号的羊肉粉馆，都有独到的制作油辣椒的秘诀，制作的油辣椒，味道各有千秋，但都一点相同，都是用虾子镇的辣椒制作的。

大寒

　　大寒，是二十四节气中的最后一个节气。公历 1 月 20 或 21 日交节。同小寒一样，大寒也是表示天气寒冷程度的节气。在我国部分地区，大寒不如小寒冷，但在某些年份和沿海少数地方，全年最低气温仍然会出现在大寒节气内。小寒、大寒是一年中雨水最少的时段。

　　春节最早在公历的 1 月 21 日。大寒和除夕同一天，上一次还是在 2004 年的 1 月 21 日，下一次则要等到 2099 年的 1 月 20 日。

打年糕

说到大寒时节吃什么，口感
软糯的年糕是许多地方都要做、
都要吃的，不过一样年糕可有多
样吃法。

说起年糕，宁波水磨年糕算
是最有名的一种。粳米山泉水浸
泡 24 小时后控水打磨琼浆，故

▲ 打年糕

称为"水磨"。最后压榨成粉揉搓蒸熟后制成。光溜溜的年糕，看着
就口感弹牙，通常煎炒、汤煮着吃。

云南的饵块年糕是将大米淘洗、浸泡、蒸熟、冲捣、揉制成型
制成，一般切薄片、细丝炒，云南腾冲的名特产小吃"腾冲大救
驾"，其就是指炒饵块年糕。或者也有人用它"冒充"卷饼，在里
面夹料吃。

塞北的黄米年糕主料是糯米粉和大黄米，是我国部分北方地区的
做法。黄米年糕通常还会加入红豆、红枣增加甜味，是很多北方小伙
伴童年的最爱。

贵、川、渝、鄂等地的糍粑，是用糯米蒸熟捣烂后制成的一种年
糕食品，多在贵州、重庆、四川、湖北等南方地区流行，比大米年糕
口感更软黏，多以糖佐吃，口感甜蜜。

上海的毛蟹年糕是上海菜中一道美味可口的地方名点，毛蟹肉相
比各类海蟹，其肉更鲜嫩、甘甜。柔柔韧韧的年糕片充分吸收了蟹肉
的鲜香与调味的浓香，丝毫不比鲜甜的毛蟹逊色。

消寒糕

老北京四九城里有很多老规矩。北京城的大寒尤其冷，水域的冰也结得最厚，明清年间，人们在这时开始采冰贮冰，还把洁白的雪密封在罐子里，待夏天把雪化了，煎茶烧菜，蚊蝇不侵。这一天也有榨豆油的，有个应景的名字叫"腊油"，据说用它来点灯，小虫都不扑。与这些"浪漫"的规矩相比，流传更久更广的，当然还是吃的规矩。

大寒这天，北京街头卖点心的老字号——稻香村，店门前排着长龙，人们跺脚哈气，原来是在排队买"消寒糕"。再看那红彤彤的三个字，印在点心盒上，透着喜兴。

▲ 消寒糕

这"消寒糕"其实就是北方常见的一种白年糕，样子再朴实不过，四四方方的，可那光莹透亮的质感，芯子里凝着的一粒粒核桃仁、红枣和桂圆却十分诱人。买回家放在锅上一蒸，香甜软糯又弹牙。按照习俗，"消寒糕"一定要一家人分吃，还能得个"年年高"的好口彩。

"消寒糕"这个名字好理解，是从大寒的节气而来。但为什么要消寒呢？美味与健康兼顾，是中国的饮食哲学，而在中国人的观念里，健康最大的敌人就是"寒"，古往今来都有"十病九寒……百病寒为先""万病之源是寒湿"的说法。中医认为寒为阴邪，被寒邪侵犯，人的肌肤就会收缩，汗孔不开。更重要的是人的气血遇寒而凝，运行迟滞。一旦寒邪入侵，就要将它驱赶出来。如此看来，大寒消寒正当时。北京人正是以白年糕消寒。

酿高粱酒

大寒时节是台湾高粱成熟的季节，尤其对专种高粱的金门地区农民来说，他们会将收获的高粱大部分拿来做高粱酒，而金门高粱酒的品质是远近闻名的。

1951年年底开始生产的金门高粱酒利用坑道储酒，是金马地区高粱酒的独特诉求卖点。

金门高粱酒是我国台湾地区的三大名酒之一，销量一直很大。其中白金龙酒、陈年高粱酒每年的供应量都以100万瓶的速度上升。金门高粱酒香醇甘洌，风味独特，深受当地消费者喜爱。

▲ 金门高粱酒

金门高粱酒是中国白酒文化长河里支脉之一，其独树一帜自创"金门香型"口感，拥有金门岛上绝佳的水质、空气、气候和原料四大天然酿酒条件，承袭古法纯粮固态酿制工艺，具有酒质透明、芳香幽雅、醇厚甘洌、回味悠长的特点。

金门高粱酒属于一种特殊香型的白酒，是以乙酸乙酯、乳酸乙酯及高沸点香味物质三者构成的馥合香气突出为其香型特点，其酒液晶莹剔透，清香醇正，柔顺净爽，口、鼻、眼三种感官一致，饮之有如清香雾气中大地的芬芳，甘润爽口，有色、香、味三奇之美。

喝鸡汤

到了寒冬季节，南京人的日常饮食多了炖汤和羹。大寒已是农历四九前后，传统的一九一只鸡食俗仍被不少市民家庭所推崇，南京人选择的多为老母鸡，或单炖、或添加参须、枸杞、黑木耳等合炖，寒冬里喝鸡汤真是一种享受。到了腊月，老南京还喜爱做羹食用，羹肴各地都有，做法也不一样，如北方的羹偏于黏稠厚重，南方的羹偏于清淡精致，而南京的羹则取南北风味之长，既不过于黏稠或清淡，又不过于咸鲜或甜淡。

南京冬日喜欢食羹还有一个原因是取材容易，可繁可简，可贵可贱，肉糜、豆腐、山药、木耳、山芋、榨菜等，都可以做成一盆热乎乎的羹，配点香菜，撒点白胡椒粉，吃得浑身热乎乎的。

▼ 鸡汤

参考文献

[1] 丁建明. 岁月的味道：非物质文化遗产名录中的云南饮食 [M]. 昆明：云南人民出版社，2018.

[2] 部莹. 食色：中国大陆少数民族风情录 (婚恋饮食篇)[M]. 台北：时报文化出版企业股份有限公司，1996.

[3] 金晓阳，周鸿承. 浙江饮食文化遗产研究 [M]. 上海：上海交通大学出版社，2021.

[4] 李春万. 同巷话蔬食：老北京民俗饮食大观 [M]. 北京：北京燕山出版社，1997.

[5] 利平. 中国传统名食趣话 [M]. 香港：安定出版社，1991.

[6] 鲁克才. 中华民族饮食风俗大观 [M]. 北京：世界知识出版社，1992.

[7] 欧荔. 闽台民间传统饮食文化遗产资源调查 [M]. 厦门：厦门大学出版社，2014.

[8] 秦莹. 中国西部民族文化通志·饮食卷 [M]. 昆明：云南人民出版社，2019.

[9] 邱国珍. 中国传统食俗 [M]. 南宁：广西民族出版社，2002.

[10] 孙建权. 东北非物质文化遗产丛书：民间饮食技艺与习俗卷 [M]. 沈阳：东北大学出版社，2018.

[11] 吴浪平. 中华美食趣闻 [M]. 台北：国家出版社，2007.

[12] 宣炳善. 民间饮食习俗 [M]. 北京：中国社会出版社，2006.

[13] 颜其香. 中国少数民族饮食文化荟萃 [M]. 北京：商务印书馆国际有限公司，2001.

[14] 姚伟钧等. 饮食风俗 [M]. 武汉：湖北教育出版社，2001.

[15] 俞松年. 食亦有道：大众美食名菜掌故 [M]. 香港：香港文汇出版社，2004.

[16] 张子艺. 舌尖上的丝绸之路 [M]. 兰州：甘肃人民美术出版社，2018.

[17] 赵建民. 中华吉祥文化丛书：饮食卷 [M]. 济南：泰山出版社，2020.

[18] 周红兵. 客家饮食文化大观 [M]. 北京：中国文史出版社，2014.